Montessori

몬테소리
기적의 육아

만 3-6세

Charlotte Poussin

창의적 리더를 키운
부모들의 육아 시크릿

몬테소리
기적의
육아

만 3-6세

샤를로트 푸생 지음

이진희 옮김

청어람Life

머리말

반세기 전부터 '교육'에 대한 논의가 끊이지 않고 이어져왔습니다. 그동안 얼마나 많은 교육 개혁이 이루어지고, 교육위원회가 열리고, 교육 혁명이 있었는지요. 그럴 때마다 서로 타협할 수 없는 관점을 가진 이들이 열정적으로 토론을 펼쳤습니다. 그 결과 많은 변화가 있었지만 어떻게 해도 해결하지 못한 부분은 늘 남아 있었습니다. 비단 프랑스뿐만 아니라 유럽, 전 세계가 같은 상황을 겪고 있습니다.

간단히 말하면 전 세계의 교육이 '위기' 국면을 맞고 있습니다. 여기저기에서 교육 시스템의 결과와 사회의 필요 사이에 존재하는 불균형에 개탄을 금치 못합니다. 부모의 좋은 의지, 교사의 경험, 정치인의 관심, 학계의 연구가 모두 결실을 보지 못하는 모양입니다.

그렇다면 우리가 애초에 문제 제기를 잘못한 것은 아닐까요? 현재의 교육 시스템은 사회의 필요에 부합하는 사람을 만들어내는 데 힘쓰고 있습니다. 어떤 미래가 우리 앞에 올지도 모르면서 말이지요. 다시 말해 인력을 육성하는 주체가 인력을 어떻게 활용해야 할지에 대해 제대로 된 관점을 세우지 못했다는 것입니다.

그런데 우리가 아이를 에너지와 창의력을 발휘할 수 있고 사회화가 잘되고 이 세상에 잘 적응할 수 있는 잠재적인 존재로 본다면, 완전히 다른 관점으로 교육을 바라볼 수 있지 않을까요? 부족한 머릿수를 채우는 것이 아니라, 아이가 인간으로서 타고난 재능을 계발하고, 변화하는 사회에 적응하며, 타인과 긍정적인 관계를 맺는 가운데 자아를 실현할 수 있도록 돕는 것이 바로 교육이라고 생각하게 될 것입니다.

　　마리아 몬테소리가 놀라운 점은 바로 우리가 직면한 문제에 대해 구체적인 답을 구하고자 했다는 것입니다. 제가 영광스럽게도 추천의 글을 쓰는 바로 이 책에 몬테소리의 노고와 지난 100년 동안 몬테소리 교육이 쌓아온 경험이 집약적으로 담겨 있습니다.

　　이 책은 단순히 교육학적 이론을 제시하는 데 그치지 않고, 어른과 아이가 새로운 관계를 만들어가는 데 도움이 되는 구체적인 실천 방안도 소개합니다. 독자 여러분은 몬테소리 환경에서 어떤 일이 일어나는지 자세히 알게 될 것입니다. 그리고 무엇보다 가장 중요한 점, 즉 몬테소리 교육이 문자 그대로 왜 '제대로 먹히는지'를 이해하게 될 것입니다.

　　따라서 여러분은 이 책을 통해 교육법 그 이상을 발견할 수 있을 것입니다. 교사와 학생 사이에 형성된 기존의 힘의 관계에 대해 다시 한번 생각해보게 될 것입니다. 새로운 교육 방식에서 교사는 안내자의 역할을 하고, 아이는 주체가 됩니다. 아이는 가르침을 받는 수동적인 존재에서 온전한 주체로 거듭납니다. 새로운 교육의 혜택을 받은 아이가 자라서 어른이 되면, 개인적으로뿐만 아니라 사회적으로도 자아를 온전히 꽃피웁니다. 사회 발전에 긍정적인 영향을 줄 것입니다.

마리아 몬테소리는 1933년 《뉴욕타임스》에 다음과 같은 내용의 글을 썼습니다.

"환상이 없고 미래에 대한 공포가 지배한 세상은 새로 건설되어야 한다. 그것은 기술이나 사회적 쟁취, 여성 해방에 힘입어 이룰 수 있는 것이 아니라, 오직 자유로운 아이들만이 성취할 수 있다. 마침내 어른의 지배에서 해방되어 자기 고유의 인격을 자유롭게 실현할 수 있는 아이는 사회의 재건설과 새로운 세상의 창조를 꿈꾸게 하는 희망이다."

몬테소리의 이 글은 지금의 혼란스러운 현실을 그대로 보여주고 있습니다. 몬테소리 교육이 '삶에 대한 준비'라는 사실을 이해해야 합니다. 그 삶이란 강력한 개인의 삶이며 조화로운 사회적인 삶을 뜻합니다. 그러나 몹시 슬프게도 요즘 아이들 대부분이 세 가지 과도한 요인이 특징으로 대표되는 발달 과정을 거치는 모습이 관찰되고 있습니다. 그 세 가지 요인이란 바로 과잉보호, 과잉억압, 과잉공급입니다.

우리는 다름에 대한 두려움이 지배한 세상을 아이들에게 보여주고 있습니다. 조심하고 신중해야 한다는 원칙을 내세워 모든 창의력의 씨를 말리고, 달콤하고 부드러운 것들로 아이의 배를 채우고, 지적 허영으로 아이의 머리를 채우고, 화려한 미디어로 아이의 눈을 멀게 합니다. 그래서 새로운 세대에서 과도하게 영양을 섭취했지만 제대로 된 마음의 양식을 갖추지 못하고, 불안에 시달리고, 공격적이고, 결국은 자신을 거부하는 사회로부터 배제된 아이들이 많이 늘어난 것입니다. 전혀 놀라운 일도 아니지요.

그렇다고 해서 이렇게 엉망이 되어버린 현실을 그저 받아들여야만 하는 것은 아닙니다. 지금과는 다른 교육적 시각으로 바로잡을 수 있습니다. 이미 1세기가 넘는 긴 시간 동안 경험을 통해 입증되었고 성공을 거둔 그 교육법을 이 책을 통해 여러분께 소개하고자 합니다.

이 책을 읽는 독자 여러분은 아이들이 우리의 기대보다 훨씬 우수한 재능과 능력을 지니고 있다는 사실을 새로이 발견하게 될 것입니다. 아이는 타고난 탐험가이며, 자기 주변 환경을 자발적으로 배우는 방법을 알고 있습니다. 아이는 시도와 실수를 통해 쉽게 학습하고, 놀랄 만한 인내심을 보여줍니다. 또한 다름을 자기 자신을 풍요롭게 할 기회로 받아들입니다. 다양성은 아이의 호기심을 자극할 뿐, 두려움과 불안을 불러일으키지 않습니다. 아이는 갈등을 해결할 줄 알며, 심지어 폭력적인 말다툼 후에도 공동생활의 환경을 다시 바로잡을 수 있는 엄청난 회복력을 가지고 있습니다.

그렇다고 해서 아이를 방치하는 것이 자연스럽게 가장 훌륭하고 조화로운 방식으로 스스로 성장시키는 방법이라고 주장하는 것은 아닙니다. 이 책에서 제시하는 교육법은 오히려 그 반대로 까다롭고 어렵습니다. 가르치는 사람이 완전히 '바뀌어야' 합니다. 아이와 주도권이 없는 관계를 만드는 것은 자연스러운 교육 방식이 아닙니다. 교사는 끊임없이 문제를 제기해야 합니다. 모든 아이의 개인적인 성장 과정을 이끌고 지지할 수 있으려면 관찰력을 끊임없이 갈고닦아야 합니다.

일반적인 고정관념과는 달리 몬테소리 교실은 자유방임의 공간이 아닙니다. 아주 세심하게 계획된 환경이며, 규율이 지배하는 환경입니다. 그래서 몬테소리 교실을 방문한 이는 모두 깜짝 놀라지요. 여기에 더해 부모 역할의 중요성을 강조합니다.

몬테소리 교육에서는 부모가 핵심적인 역할을 합니다. 따라서 부모와 교사는 자주 교류하고 밀접한 협력관계를 유지해야 합니다. 몬테소리 교육을 일반적인 교육 현장에서 실천하는 것은 힘들지만 가치 있는 일입니다. 우리 아이들이 자신의 재능을 마음껏 펼치고, 조화로운 사회의 일원이 되고, 어려움에 즐거운 자극을 받고 창의력이 넘치는 성인으로 자라서 살아갈 세상은 어떤 모습일지 상상해보세요.

부모인 우리와 우리의 아이들이 이런 세상을 함께 만들 수 있습니다. 그리고 이 책이 그 밑거름이 될 것입니다.

프랑스몬테소리재단 이사장 및 국제몬테소리협회(AMI) 회장

앙드레 로베르프루아

감사의 말

이 책을 읽고 그 가치를 알아봐주셨던 모든 분께 감사드립니다. 독자 여러분의 사랑 덕분에 이 책이 여러 언어로 번역 출간되었고, 10쇄 넘게 출간된 덕분에 이렇게 개정판을 선보이게 되었습니다.

저는 매우 기쁜 마음으로 더 완전하고 완벽한 책을 만들기 위해 노력했습니다. 특히 우리 아이들과 함께할 수 있는 새로운 활동들을 담았습니다.

머리말을 써주신 프랑스몬테소리재단 이사장이자 국제몬테소리협회 회장이신 앙드레 로베르프루아 회장님께 감사 인사를 드립니다.

나의 남편 스타니슬라스와 내 다섯 아이, 솔랑주, 장 바티스트, 잔, 셀레스틴, 막심. 고마워요.

마리아몬테소리고등연구소의 파트리시아 스피넬리 소장님과 프랑스몬테소리협회에 감사의 마음을 표하고 싶습니다.

국제몬테소리협회(AMI) 몬테소리 교사(3~12세)이신 아멜리 풀랭 님과 나디아 하미디 님, 감사합니다.

편집팀, 감사합니다.

저에게 문을 열어주고 이 책에 사진을 싣도록 허락해준 기관 관계자들께도 감사를 드립니다. 몽트뢰이 앙팡 뒤 몽드 학교, 파리 더 리틀 잉글리시 몬테소리 스쿨, 루베 잔다르크 학교, 발드마른 몬테소리이중언어학교(노장쉬르마른)와 뤼에유말메종 몬테소리이중언어학교에 감사의 인사를 전합니다.

마지막으로 마리노, 발레리, 크리스티앙, 니콜, 에밀리, 엘렌, 안, 마르탱, 알리스, 세브린, 델핀, 주느비에브, 클레르, 베르나르, 베아트리스, 크리스텔, 마리, 카롤린, 폴, 루이즈, 가뱅, 라파엘, 뤼시, 티팬, 마린, 루이즈, 아폴린, 막상스, 가브리엘, 클레망틴, 싱이, 앙드레아 등 이 책이 나오기까지 저를 지켜봐주시고 도와주신 모든 분께 감사 인사를 전합니다.

차례

"아이는 우리가 채워야 할 화병이 아니라
샘솟을 수 있도록 내버려두어야 하는 원천이다."

들어가며

몽 테뉴의 『수상록』에는 다음과 같은 글귀가 있습니다.

"가르친다는 것은 화병을 채우는 일이 아니라 불을 붙이는 일이다."

이 글귀는 "아이는 우리가 채워야 할 화병이 아니라 샘솟을 수 있도록 내버려두어야 하는 원천이다"라는 마리아 몬테소리의 명언에 분명 깊은 영감을 주었겠지요.

여러분도 몬테소리 교육법이나 몬테소리 유치원에 대해 들어본 적이 있을 것입니다. 그런데 몬테소리 교육법은 정확히 무엇을 말하는 걸까요? 아이에게 온전한 자유를 허락하는 자유방임적이고 관대한 교육법일까요? 아이가 왕이라는 교육철학일까요? 아니요, 전혀 그렇지 않습니다. 몬테소리 교육법은 **교육의 중심에 아이를 두고 아이의 전체성과 개별성을 최대한 존중하는 교육철학**입니다.

교육학은 교육에 관한 학문입니다. 그렇다면 교육은 무엇일까요? 플라톤은 교육을 산파술과 같다고 정의했습니다. 산파술(그리스어로 maieutikê)은 소크라테스가 사용한 문답법을 뜻합니다. 산파가 산모의 출산을 돕듯이, 산파의 역할을 하는 사람이 겸허하고 공정하게 질문을 던짐으로써 대화의 상대자가 자신의 내면에 있는 지혜를 표현할 수 있도록 돕습니다. 교육은 상대방이 자신에게서 좋은 답을 찾을 수 있고, 이를 스스로 실현하는 장인이 될 수 있다고 믿고, 좋은 질문을 던짐으로써 상대방을 돕는 기술입니다. 그러므로 교육은 해방의 연속이라고도 할 수 있지요.

마리아 몬테소리는 산파술과 같은 맥락으로 교육은 삶을 돕는 일이라고 생각했습니다. 교육은 길들이는 것이 아니라 삶을 꽃피우기 위한 개인의 여정에 동행하는 것입니다. 몬테소리가 교사를 칭할 때 'instructor'라는 단어를 쓰지 않은 것도 이 때문입니다. 이 단어는 '안

에 집어넣다'라는 뜻의 라틴어 'in stutere'에서 파생했는데, 몬테소리 교육법에서 교사는 아이에게 지식을 채워주는 사람이 아니기 때문입니다. 그 대신 '기르다, 솟구치게 하다'라는 의미의 라틴어 'educare'에서 나온 'educator'라는 단어를 사용했습니다. 물론 몬테소리 교육법이 우리 문화의 규칙을 받아들이지 않았다면 지금까지 그 맥을 이어오지 못했겠지요.

몬테소리 교육은 아이에 대한 우리의 시각을 바꾸게 합니다. 아이를 우리가 만들어야 하는 미래의 성인으로 바라보는 것이 아니라, 자아 구축의 당사자이자 '스스로' 발달하게 도와야 하는 온전한 인간으로 여겨야 한다고 말합니다. 그리고 이를 위해서 아이의 타고난 성격과 인격을 존중해야 한다고 주장하지요.

교육자의 역할은 아이 개인의 발달 과정을 함께하는 것입니다. 따라서 아이에게 제약과 의무를 지게 하는 것과 스스로 하도록 내버려두는 것 사이에서 정확한 균형을 유지하며 아이를 교육해야 합니다. 교육의 목표는 아이의 정신적인 삶의 질과 어른과 아이 사이 관

계의 질을 개선하는 데 있습니다. 이 관계의 질은 매우 중요합니다. 우리가 아이와의 관계를 위해 더 많은 시간과 에너지를 쏟으며 아이에게 집중할수록 아이는 자신에게 제공되는 교육을 더 잘 받아들입니다.

전통적인 교육에서는 교사는 아이를 가르치고, 아이는 일방적인 가르침에 적응하고 때로는 수동적인 자세로 지식을 습득합니다. 학생 서른 명으로 구성된 전통적인 교실을 생각해봅시다. 교사가 새로운 개념을 가르치면 학생 중 열 명은 이를 받아들이지 못합니다. 왜냐하면 가르치는 내용을 이해할 준비가 되어 있지 않기 때문이지요. 다른 열 명은 이미 이 개념을 알고 있어서 배우는 게 아무것도 없습니다. 마지막으로 나머지 열 명, 겨우 3분의 1만이 자신에게 적절한 시기에 필요한 내용을 배움으로써 성공적으로 교사의 가르침을 받아들일 수 있습니다.

이러한 상황은 서른 명의 학생 중 스무 명에게 고통을 줍니다. 그리고 교사에게도 힘든 시간일 수밖에 없습니다. 학생 대다수가 수업에 흥미를 느끼지 못해서 집중하지 못할 가능성이 크고, 교사는 원활한 수업을 방해하는 학생들을 통제해야 하므로 피로감을 느끼지요.

그럼 어떻게 해야 할까요? 학생 개개인의 학습 속도에 맞추어야 할까요? 그래서 아직 배울 준비가 안 된 아이들을 밀어붙이거나 더 많은 것을 배우고자 하는 아이들을 붙잡는 대신 모두에게 좋은 자극을 주는 편을 선택해야 할까요?

몬테소리 교육법에서는 아이는 발달에 좋은 환경에서 자신에게 맞춰주고 적절한 자극을 주며 자신을 존중해주는 교사와 함께라면 자연스러운 과정을 따라 스스로 배운다고 말합니다.

유아는 아직 너무 어려서 오랫동안 집중할 수 없다고 말하곤 합니다. 그런데 사실 이 나이대의 아이들도 자기가 직접 선택한 활동을 할 때는 오랜 시간 동안 그 활동에 집중할 수 있습니다. 이러한 활동은 내면의 충동력, 다시 말해 생존이 걸릴 정도로 중요한 욕구에 따라 아이가 스스로 선택했기 때문입니다. 강요된 활동을 억지로 해야 할 때와는 완전히 다르지요.

아이는 만족할 줄 모르는 탐험가입니다. 자아실현을 위한 탐험을 끊임없이 원하지요. 학습은 행동을 통해 이루어지기 때문에 아이는 구체적인 경험을 다양하게 늘려갑니다.

아이는 움직임이나 행동을 향상하거나 완벽하게 숙달하거나 혹은 어떤 능력을 얻을 때까지 수차례에 걸쳐 활동을 반복합니다. 그리고 반복하는 것을 좋아합니다. 그렇게 해서 마침내 원하는 것을 얻었을 때 느끼는 성취감은 얼마나 클까요!

아이가 집중하는 순간에 자아가 구축됩니다. 집중하는 아이의 얼굴에서 느껴지는 행복감은 아무리 보아도 싫증이 나지 않습니다.

> "아이는 인간을 건설하는 건설자다. 자신이 거쳐온 아이에 의해 건설되지 않은 사람은 아무도 없다."
>
> 마리아 몬테소리, 『흡수하는 정신』

자기가 하는 활동에서 만족감을 느끼는 아이는 평화롭고 차분하게 자랍니다. 배움에 대한 목마름이 해소됩니다. 그리고 배울수록 배움을 더 좋아하게 됩니다. 학습에 대한 갈망은 끝이 없으니까요! 이렇게 아이는 자연스럽게 평생학습을 해나갑니다.

이것이 바로 교육의 목표가 아닐까요? 배우는 것을 좋아하고, 탐구하는 법을 알고, 발견하는 법을 아는 것. 이것이 금방 까먹어버리는 지식을 쌓는 것, 특히 스트레스를 받는 상황에서 지식만을 습득하는 것보다 중요하지 않을까요? 교육의 목표는 아이가 협력의 즐거움을 깨닫게 하는 것입니다.

개인을 존중하는 분위기의 몬테소리 교실에서 제가 수년 동안 몬테소리 교사로서 아이들을 돌보며 경험한 행복과 기쁨을 이 책을 통해 나누고자 합니다. 몬테소리 교실에서는 스무 명에서 서른 명 정도의 아이들이 혼자 혹은 친구와 함께 작업합니다. 아이들은 자율적으로 규율을 지키고 자신이 원하는 대로 직접 선택한 활동에 집중하므로 교실은 차분하고 평온합니다. 점수나 경쟁이 없고 서로를 배려하는 협동적인 분위기 속에서 아이들은 배움의 즐거움을 느낍니다.

몬테소리 교육은 아이의 성숙과 성장을 목표로 합니다. 그래서 학습이 빠르다 혹은 뒤처진다는 개념 없이 개인의 속도에 맞춘 개별화된 교육을 제공하지요. 사실 살아가며 경험하는 모든 학습 과정이 걸음마를 배우는 것과 같다고 할 수 있습니다. 어떤 아이는 10개월부터 걷고, 어떤 아이는 18개월에야 걷기 시작합니다. 결국 모두 잘 걷게 되지요. 언제 첫발을 뗐는지는 중요하지 않습니다. 중요한 것은 아이가 자신 있게 해낼 수 있는 시기, 자기가 잘 걸을 수 있는 시기에 걸음마를 배웠다는 사실입니다.

아이가 일찍부터 걸었다거나 말을 했다거나 뭔가를 빨리 배웠다는 사실에 자부심을 느끼는 부모를 주변에서 가끔 볼 수 있습니다. 어떤 부모는 아이에게 최대한 어릴 때 어떤 능력이나 기술을 습득시키기 위해 과도하게 자극을 주기도 하지요. 그보다는 아이가 발달하는 뒷모습을 지켜보며 적절한 시기에 적당한 양의 자극을 주는 것이 좋습니다. 아이 삶의 속도를 존중하고 발달에 좋은 준비된 환경에서 하고 싶은 활동을 선택할 수 있는 자유를 주며 신뢰감을 쌓아야 합니다. 신뢰하는 분위기 속에서 아이는 성장할 수 있습니다. 성공하는 교육의 열쇠는 바로 자신감입니다.

몬테소리 교육은 아이를 '스스로' 하는 아이로 자라게 합니다. 어른은 따뜻한 시선으로 지켜보며 아이의 성장을 돕습니다. 작업과 노력에 대한 사랑을 키우는 교육 방식입니다. 아이는 배움과 성장에 대한 열망을 가지고 태어납니다. 적절한 시기에 이 열망을 해소해줄 수 있는 환경을 제공하는 것이 어른인 우리가 해줄 수 있는 가장 아름다운 선물입니다. 이렇게 함으로써 우리는 아이에게 자유와 내면의 평화, 즉 행복을 선물하게 됩니다.

이 책의 6장에서는 실제 몬테소리 교실에서 아이들에게 제시하는 20가지의 활동들을 소개하고 있습니다. 이 활동들을 주의 깊게 살펴본다면 아이와 실천할 수 있는 좋은 아이디어를 얻을 수 있을 겁니다. 사실 이 책에 소개된 활동은 몬테소리 교육의 일부분에 불과하답니다.

몬테소리 교육의 핵심은 마음가짐과 우리가 아이를 바라보는 시선, 즉 사랑과 존중이 가득한 시선입니다. 몬테소리 교육의 진정한 목표는 아이가 자율적이고, 독립적이고, 책임감 있고, 자신감 있고, 자신의 역할을 잘 알고, 자기 자신과 자기가 속한 공동체를 존중하고, 공동체에 깊은 소속감을 느끼는 사람으로 자라게 하는 것입니다.

아이가 이런 사람으로 자라기 위해서는 다음 네 가지 기본적인 필요를 충족해야 합니다. 사랑받는 느낌, 신뢰받는 느낌, 존중받는 느낌, 지지받는 느낌. 그리고 이 모든 것은 조건 없이 아이에게 주어져야 합니다.

이 책을 읽는 여러분의 마음속에 앞으로 아이와 보내는 모든 순간을 온전히 누리고 행복을 나누는 시간으로 만들고 싶다는 간절한 바람이 일렁이기를 바랍니다.

"전지전능한 우리 어린이들이
나와 함께 인류의 평화와
이 세상의 평화를 이룩하기를
기원합니다."

1 마리아 몬테소리

마리아 몬테소리(Maria Montessori, 1870~1952)는 1870년 8월 30일 이탈리아의 안코나에 위치한 키아라발레라는 작은 도시에서 태어났습니다. 그녀는 공무원이었던 매우 엄격한 아버지와 연구가 집안 출신의 어머니 밑에서 외동딸로 자랐습니다. 딸에게 양질의 교육을 제공해주고 싶었던 부모는 고민 끝에 그녀가 다섯 살이 되던 해에 로마로 이사했습니다.

유럽 최초의 여의사

몬테소리는 당시 남성에게만 열려 있던 의과대학에 진학하여 모든 이들의 반대에도 불구하고 학업을 이어갔습니다. 그녀는 특별 입학 허가를 받기 위해 반대에 맞서야 했고, 그렇게 투쟁의 길에 접어들었습니다.

몬테소리는 자신의 끈기와 용기를 증명해냈습니다. 당시에는 젊은 여성이 남학생과 함께 해부학 수업을 듣는 것이 적절하지 못하다고 여겼기 때문에, 그녀는 수업이 끝난 후 홀로 남아 해부 실습을 해야 하기도 했습니다. 1897년, 몬테소리는 이탈리아에서 여성으로는 최초로 의학박사 학위를 받았습니다.

이후 그녀는 프랑스, 영국, 이탈리아를 오가며 생물학, 심리학, 철학을 공부했고, 로마에 있는 정신병원에서 지적장애가 있는 아이들을 돌보게 되었습니다. 그녀는 지적장애아에게는 의료상의 도움보다 교육적인 도움이 더 필요하다고 생각했고, 많은 학회에서 지적장애아의 권리와 존엄성을 옹호했습니다. 그에 따라 이탈리아 정부는 지적능력 발달을 위한 교육을 전문으로 하는 국립특수학교를 설립해 마리아 몬테소리에게 운영을 맡겼습니다. 그곳에서 그녀는 몬테사노 박사와 함께 인지장애나 지적장애가 있는 아이들을 돌봤습니다.

몬테소리는 지치지 않는 열정으로 아이들을 관찰하고 아이들의 발달을 위해 온 힘을 다했습니다. 그녀는 아이들이 더 존중받고 격려받아서 더욱 적극적으로 변하고 자신감을 키울 수 있기를 바랐습니다.

마리아 몬테소리는 18세기 프랑스에서 활동한 장 이타르(Jean Itard, 1774~1838)와 그의 제자 에두아르 세갱(Édouard Seguin, 1812~1880)이라는 두 의학자의 저술에 감명을 받았습니다.

장 이타르 박사는 아베롱의 숲속에서 발견된 유명한 야생아 빅토르를 교육한 것으로 이름을 알렸습니다. 발견 당시 열 살 정도로 추정된 빅토르는 그동안 고립된 환경에서 자랐기 때문에 인간의 특징을 전혀 습득하지 못한 채 동물처럼 살고 있었습니다. 빅토르의 이야기는 프랑스의 영화감독 프랑수아 트뤼포(François Truffaut)에게 영감을 주어서 1969년에 〈야생의 아이〉라는 영화로 제작되기도 했습니다. 에두아르 세갱 박사는 장애아동을 위한 교구를 개발한 학자였습니다.

그들에게서 영감을 받은 몬테소리는 장애아동을 위한 프로그램을 만들어 자신이 돌보던 장애아동과 함께 이를 실행에 옮겨보았습니다. 아이들은 놀랄 만한 변화를 보였고 특히 쓰기와 읽기 능력이 향상되었습니다. 그중 일부 아동은 초등학교 6학년 수준의 시험을 치러 우수한 성적을 거두기도 했습니다.

이러한 성과는 그녀에게 새로운 발견이었습니다. 이에 힘입어 몬테소리는 일반아동의 올바른 발달을 방해하는 요소가 무엇인지 연구하고, 자신이 개발한 교구를 일반아동에게도 적용하기로 마음먹었습니다. 그리고 얼마 지나지 않아 그 기회가 찾아왔습니다.

최초의 어린이집

마리아 몬테소리는 로마 대학교 교육학연구소에서 4년 동안 교수로 재임하며 인류학을 연구하고, 자신이 배운 내용을 교육에 접목하는 데 전념했습니다. 그러던 중 장애가 없는 일반아동을 위한 보육시설을 만들 기회가 생겼습니다. 그녀는 노동자들이 모여 사는 로마의 산 로렌초라는 동네의 방치된 어린이들을 맡아달라는 제안을 받았습니다.

1907년 1월, 몬테소리는 이곳에 최초의 '어린이집(Casa dei Bambini)'을 열었습니다. 그리고 어린이의 체격에 맞춘 가구도 만들었는

데, 당시에는 매우 혁신적인 시도였습니다. 그녀는 보조교사 한 명과 함께 쉰 명의 아이를 돌보며, 이전에 자신이 장애아동을 위해 개발했던 교구를 사용했습니다.

몬테소리는 자신이 아이들에게 맞춰 조성한 환경 속에서 아이들이 자발적으로 발달해가는 모습을 연구하는 자세로 지켜보았습니다. 그리고 아이들을 관찰한 내용에 따라 교구를 적용하고 새로운 활동을 개발하기도 했습니다. 그녀는 아이들의 집중력과 자기 훈육 능력에 놀랐고, 실험과 긍정적인 발견을 다양하게 이어갔습니다.

몬테소리는 아이들에게는 정돈된 환경이 필요하며, 아이가 하고 싶은 활동을 스스로 선택하게 해야 한다는 사실을 깨달았습니다. 또한 아이들은 활동을 통해 활동이 원래 목적으로 한 것보다 더 많은 것을 추구하기 때문에 한 가지 활동을 자신이 원하는 만큼 오랫동안 여러 차례 반복할 수 있게 해주는 것이 중요하다는 사실을 알게 되었습니다.

그녀는 꾸준히 새로운 교수법을 탐구하고 발견하여 이를 '과학'이라 칭했으며, 이 교육법은 지금의 '몬테소리 교수법'이 되었습니다. 또한 그녀는 아이들이 어린이집에서 익힌 새로운 습관과 질서를 집에서도 실천함으로써 빈민가 골목에 생기가 도는 모습을 지켜보았습니다. 아이의 자아실현이 주변 사람들의 자아실현으로 이어졌습니다. 그녀는 아이들이 가족관계를 개선하는 주체이자 원천이 되고,

가족을 교육하는 모습을 볼 수 있었습니다.

몬테소리 학교의 확산과 명성

몬테소리가 돌본 아이들은 매우 놀랄 만큼 성장했기에 전 세계 언론에 소개되었습니다. 세계 각국에서 몰려온 사람들은 새로운 형태의 어린이집을 둘러보았습니다.

몬테소리는 로마의 다른 빈곤 지역에 두 번째 어린이집을 열었습니다. 이후 마리아 몬테소리의 명성은 전 세계로 퍼졌습니다. 그녀는 교육학, 아동, 아동발달에 대한 주제로 여러 저서를 집필했으며, 저서를 통해 자기학습의 필요성을 주장했습니다.

모두가 그녀의 비결을 궁금해했습니다. 그러나 몬테소리 교육에는 어떤 비결도 없었습니다. 아이에게 어떻게 접근하는지, 어떤 마음가짐을 가지느냐가 중요할 뿐이었지요.

1909년, 그녀는 열화와 같은 요청에 따라 자신의 교육철학을 전수하기 위해 만 3~6세 아동을 돌보는 교사를 대상으로 강연을 열었고, 이후 만 6~12세 아동의 교사를 위한 강연도 진행했습니다. 이 강연을 시작으로 1913년부터는 국제 몬테소리 교사양성 프로그램을 운영했습니다. 이 프로그램의 목적은 몬테소리의 기본 원칙을 지키며 몬테소리 교수법을 세심하게 발전시키는 것이었습니다. 몬테소리 교사양성 프로그램의 핵심은 아이들을 바라보는 시각을 바꾸는 것이었으며, 이를 위해서는 교사에게 내적 변화와 겸손한 자세가 필요하다는 것이었습니다.

전 세계적으로 몬테소리 교사가 늘어남에 따라 몬테소리 학교 또한 곳곳에 들어섰습니다. 그러나 몬테소리 교육의 이 같은 확산세는 1914년 제1차 세계대전과 함께 멈추었습니다.

마리아 몬테소리는 당시 열일곱 살이던 외동아들 마리오와 함께 미국 망명길에 올랐습니다. 몬테소리는 망명을 떠나기 몇 년 전에 미국을 한 번 방문한 적이 있었는데, 그 이후 몇 년 사이에 미국에는 100여 곳의 몬테소리 학교가 들어섰습니다. 몬테소리는 미국에 머물면서도 유럽에 주기적으로 방문하여 교육운동의 제창에 참여했습니다. 이후 스페인 바르셀로나로 다시 돌아와 자리를 잡고 교사양성 프로그램을 운영하고 몬테소리 학교를 열었습니다.

마리아 몬테소리는 유럽 전역을 돌며 강연과 교사양성 과정을 진행하여 약 5,000명의 몬테소리 교사를 키워냈습니다. 그녀는 몬테소리 교육이 몇 가지 기본 원칙에 따라 잘 이루어지기를 소망했습니다. 그래서 1929년 아들 마리오와 함께 몬테소리 교육을 보전하고 널리 알리기 위해 국제몬테소리협회(Association Montessori Internationale, AMI)를 창립했습니다. 지금도 국제몬테소리협회는 매우 활발히 활동하고 있으며, 국가별 몬테소리협회와 연계하여 운영되고 있습니다. 프랑스에는 프랑스몬테소리협회(AMF)가 있으며, 한국에는 공식적인 몬테소리협회는 없지만 AMI 공인 몬테소리교사 양성기관이 있습니다(몬테소리협회 및 관련 기관 연락처는 307쪽 참고).

한편, 이탈리아의 정치가 무솔리니는 마리아 몬테소리의 교육법을 칭송하며 이탈리아의 모든 학교에서 그 교육법을 따르도록 명령했습니다. 그러나 1934년 몬테소리 교육법이 자신의 정치철학과 반대된다는 사실을 알고는 몬테소리 학교를 전면적으로 폐쇄했습니다. 무솔리니의 눈 밖에 난 몬테소리는 1947년 다시 이탈리아로 돌아오기 전까지 고향 땅을 밟을 수 없었습니다. 당시 그녀는 스페인에 살고 있었는데, 스페인에도 프랑코의 파시즘 정권이 들어서면서 그곳을 떠날 수밖에 없었습니다. 몬테소리는 영국에서 잠시 체류한 뒤 네덜란드 라런으로 넘어가 그곳에 자리를 잡고 교사양성센터와 학교를 설립했습니다.

1939년 제2차 세계대전이 발발하자 몬테소리는 아들과 함께 인도로 건너갔습니다. 원래는 몇 달 동안만 머물 생각이었지만, 인도 마드라스에 정착해서 1945년까지 그곳에서 지냈습니다. 그녀는 그곳에 많은 몬테소리 학교를 설립하고 네루, 타고르, 간디 등 유명인사와 친분을 쌓았습니다.

이 시기 동안 몬테소리는 태아가 엄마 배 속에서 자라는 태내기와 신생아에 대해 많은 관심을 두었습니다. 그녀는 삶을 시작하는 순간부터 아이에게 평화의 씨를 뿌리면 평화의 싹이 더욱 잘 자라날 것이라고 주장했습니다. 어른과 아이의 관계뿐만 아니라 가족, 이웃, 학급에서 아이들이 맺는 관계가 아이가 성인이 되어 타인과 맺는 관계의 성격을 결정짓는다는 것이지요. 그러므로 생후 몇 년이 아주 중요합니다.

그녀는 영유아에 관한 책도 여러 권 펴냈는데, 그중 한 권이 바로 『교육과 평화』입니다. 몬테소리는 이 책에서 "지속 가능한 평화를 이룩하는 것은 교육의 목표와 같다"라고 서술했습니다. 그리고 이 책으로 노벨평화상 후보로 세 번이나 지명되었습니다. 1949년 몬테소리는 프랑스 정부로부터 프랑스 최고 훈장인 레지옹 도뇌르를 받았으며, 1950년에는 네덜란드 왕가로부터 훈장을 받았습니다. 유네스코에서도 그녀의 공로를 인정했습니다.

이후 몬테소리는 네덜란드 암스테르담에 완전히 정착해서 현재 국제몬테소리협회가 위치한 코닝이느벡 가에 있는 집에서 아들 마리오와 그의 가족과 함께 여생을 보냈습니다. 몬테소리는 이탈리아 정부의 요청으로 교사양성 프로그램을 재개하고 이탈리아에 몬테소리 학교를 다시 열었습니다.

몬테소리는 저서 『흡수하는 정신』을 완성한 뒤, 1952년 5월 6일 네덜란드 노르드베이크에서 향년 82세의 나이로 세상을 떠났습니다. 그녀는 이곳에 묻혔으며 묘비에는 "전지전능한 우리 어린이들이 나와 함께 인류의 평화와 이 세상의 평화를 이룩하기를 기원합니다"

라고 쓰여 있습니다. 그녀는 오늘날에도 우리에게 많은 영감을 주는 신교육운동을 유산으로 남기고 떠났습니다. 그녀의 아들 마리오 몬테소리는 어머니의 뒤를 이어 1985년까지 국제몬테소리협회의 회장 직을 맡았습니다.

마리아 몬테소리는 선구적인 교육자였을 뿐만 아니라, 여성과 노동자의 지위 향상을 위해 투쟁하기도 했습니다. 그녀는 아이들의 변호인이었으며, 아동 노동의 현실을 고발했습니다. 몬테소리는 시대를 앞서간 용감한 여성이었습니다. 2007년, 전 세계의 몬테소리 학교는 최초의 어린이집 탄생 100주년을 축하했습니다.

오늘날의 몬테소리

현재 전 세계 50여 개 나라에 3만 개 이상의 몬테소리 학교가 운영되고 있습니다. 그리고 몬테소리 교육에 영향을 받은 어린이집과 유치원은 셀 수 없이 많지요.

프랑스에는 150여 개의 몬테소리 학교가 있으며, 앞으로 새로 설립될 예정인 학교도 많습니다. 사실 이탈리아, 영국, 독일, 스칸디나비아 제국, 네덜란드와 같은 다른 유럽 국가에 비하면 아주 적은 편입니다. 이들 국가에서는 공적 지원을 받는 몬테소리 학교만 해도 150개가 넘는다고 합니다.

인도, 일본, 북미 지역에도 수천 개의 몬테소리 학교가 운영되고 있습니다. 그리고 수많은 가정에서도 일명 '엄마표', '아빠표' 교육 방법으로 몬테소리 교육법이 널리 이용되고 있습니다.

오늘날에는 뇌신경과학과 인지심리학 분야의 연구가 활발히 이루어지고 있는데, 마리아 몬테소리의 발견은 이러한 과학 분야에서도 인정받고 있습니다. 특히 미국 버지니아 대학 심리학과의 안젤린 스톨 릴라드(Angeline Stoll Lillard) 교수는 20여 년간 몬테소리 교수법을 연구했습니다. 그리고 2005년 출간한 저서 『몬테소리, 천재로 키우는 과학적 비결(Montessori, the Science Behind the Genius, 국내 미출간)』에서 몬테소리 원칙을 증명하는 과학적 연구 결과를 보여주었습니다.

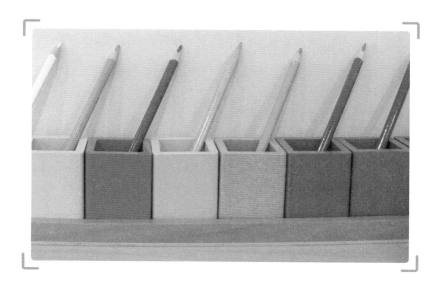

이건 꼭 명심하세요!

★ 마리아 몬테소리는 아이들을 위해 헌신한 선구자이자 구도자였습니다. 그녀는 우선 지적장애를 앓거나 경제적으로 소외되어 어려움을 겪는 아이들을 돕기 위한 교육 시설을 만들었습니다. 이후 모든 아이들을 위해 자신의 인생을 바쳤습니다.

★ 몬테소리의 교육철학에 대해 특별히 부유한 아이들이나 똑똑한 아이들 혹은 가난한 아이들에게만 한정된 것이라는 선입견이 존재합니다. 그러나 몬테소리 교육은 모두를 위한 것이며, 아이들 한 명 한 명의 올바른 성장과 평화교육에 이바지합니다.

프랑스의 뇌신경과학자이자 콜레주 드 프랑스의 인지심리학 교수인 스타니슬라스 드안(Stanislas Dehaene) 박사는 몬테소리 교육을 적용한 교실에서 진행된 실험에 큰 관심을 두었습니다.

이 실험은 프랑스 국립과학연구원(CNRS)에서 파리의 낙후 지역에 있는 한 공립 어린이집을 대상으로 2011년부터 2014년까지 진행되었습니다. 그는 몬테소리 교실에 참여한 아이들에게 시험을 보게 했는데, 이 아이들은 논리 분야에서 전국 평균보다 높은 점수를 기록했습니다. 몬테소리 교육법을 이용한 실험이 효과적이었다는 것을 증명한 셈이지요.

이러한 실험을 통해 몬테소리 교육법의 효과를 확실하게 증명하기는 했지만, 몬테소리 교육법이 선행학습을 목표로 하는 것이 아니라는 사실을 잊지 말아야 합니다. 몬테소리 교육법의 목표는 아이들이 환경에 잘 적응하도록 하고 자신의 학습 욕구를 충족시키기 위해 자율적으로 행동하도록 하여, 결국 개인으로서, 그리고 공동체 구성원으로서도 아름답게 성장할 수 있도록 돕는 것입니다. 이러한 교육을 통해 모두에게 평등한 기회가 주어지는 사회 실현을 앞당길 수 있겠지요. 몬테소리 교육이 가정, 어린이집, 공립학교에서 다양하게 발전하기를 바랍니다. 모두에게 바람직한 교육법이니까요.

"아이가 무엇을 위해 태어났고
무엇을 실현하는지 발견하는 사람에게는
행복으로 향하는 길이 열립니다."

2 아이의 발달

마리아 몬테소리는 과학적이고 시적인 관점으로 인생을 바라보았습니다. 그녀는 삶에 관한 그 어떤 것도 우연에서 비롯된 것이 없으며, 우주 속 모든 요소는 각각의 자리와 기능이 있고 궁극적인 목적을 지향한다고 생각했습니다.

몬테소리는 우주 교육과 창조의 주체자에 대해 말하며 오래된, 약간은 해묵은 듯한 표현을 사용했습니다. 그녀는 각자가 맡은 역할이 있고 그 누구의 임무도 다른 사람의 임무보다 우위에 있지 않다고 말하며 이를 세포에 비유했습니다. 그리고 모두가 "전체와 조화를 이루며 자신의 소임을 수행"할 사명과 임무가 있다고 말했습니다. 세상을 구성하는 모든 요소들은 생물이든 무생물이든 간에 전체에 이바지합니다.

예를 들면 꿀벌은 생존을 위해 꿀을 모으는 과정에서 꽃가루를 옮겨 식물의 번식을 돕습니다. 식물이 열매를 맺기 위해서는 꿀벌이 필요합니다. 식물 또한 생존의 욕구가 있습니다.

인간은 꿀을 얻기 위해서만이 아니라 꽃을 얻고 꿀벌의 도움으로 수정되어 맺는 과일을 얻기 위해서도 꿀벌이 필요합니다. 오늘날 꿀벌은 멸종위기에 처해 있고, 만약 꿀벌이 사라진다면 인간이 꿀벌을 통해 얻는 식량 자원의 3분의 1도 포기해야 한다는 사실을 우리 모두 알고 있습니다.

그렇지만 인간은 항상 꿀벌에게 최고의 친구가 되어주지는 않습니다. 인간의 활동이 환경에 미치는 영향이 꿀벌에게 피해를 주기도 합니다. 이렇듯 모두 상호의존적인 관계를 맺고 있습니다. 바로 그래서 마리아 몬테소리는 우리 개개인이 이러한 사실을 최대한 빨리 깨우치기를 바랐습니다.

> "아이는 자기 시대와 자기 문명에 맞는 사람을 만드는 힘을 지니며, (…) 이는 흡수하는 능력 덕분에 가능한 일이다. 인간이 오랜 유년기를 거치는 동안 흡수하는 능력이 작용한 결과다."
>
> 마리아 몬테소리, 『흡수하는 정신』

마리아 몬테소리는 인간에게는 한 영역, 시대 혹은 기후에 한정되지 않는 특정한 역할이 주어진다고 생각했습니다. 바로 자신의 환경을 변화시켜야 하는 역할 말이지요. 인간은 스스로 적응 인자를 만들어내기 때문에 거의 모든 환경에 적응할 수 있습니다.

세상에 태어난 아이는 인류의 새로운 희망입니다. 모든 인간은 새로운 생활 방식, 새로운 행동 양식, 새로운 인식을 창조할 수 있습니다. 인간은 자유로운 존재이기 때문이지요.

아이는 자기를 에워싸고 자기 자신을 초월하는 충동적인 생명력에 반응합니다. 아이는 그저 먹고 살아남기 위해 살지만은 않습니다. 아이는 거대한 인류의 진화에 참여합니다. 아이의 기나긴 유아기는 인류를 천천히 진화시킵니다. 그래서 아이가 무엇을 위해 태어났고 무엇을 실현하는지 발견하는 사람에게는 행복으로 향하는 길이 열립니다. 아이는 존재 자체만으로도 자기가 태어난 이유가 됩니다. 그렇게 아이는 자기 자신이 됩니다.

흡수하는 정신

아이의 정신은 자연스럽게 주변에 있는 것을 조금씩 흡수합니다. 마리아 몬테소리는 이것이 아이의 대표적인 특징이라고 주장했습니다. 성인은 의식적이고 점진적으로 사고를 발전시키는 반면, 아이는 무의식적으로, 그리고 즉각적으로 모든 것을 흡수합니다. 몬테소리는 아이의 무의식을 사진을 인화하는 어두운 암실로 비유했습니다. 흡수한 것을 드러내고 영원히 각인시키는 신비로운 현상이 아이의 무의식 속에서 일어나는 것 같다고 말했습니다.

또한 몬테소리는 아이와 성인의 정신을 비교했습니다. 아이가 사물이나 현상을 사진처럼 기억한다면 성인은 빛이 잘 드는 아틀리에에서 끊임없이 붓질을 더해 그림을 그리는 것처럼 노력을 통해 기억한다고 말했습니다. 다시 말해 성인은 의식적으로 기억을 하는 것이지요.

흡수하는 정신은 어린아이만이 가지고 있는 특징입니다. 아이는 흡수하는 정신을 통해 자신이 사는 주변을 흡수합니다. "아이들은 스펀지와 같다"라는 표현이 제격이지요. 아이는 주변 환경과의 상호작용 속에서 경험한 모든 것을 흡수합니다.

또한 아이는 자신에게 특정한 인상을 남기거나 감각을 자극한 경험을 통해, 자신이 지각한 것을 분류하고 정리합니다. 이러한 경험은 아이가 정신적으로 성숙하는 데 토대가 되지요. 신체적 삶(신체적 경험)과 정신적 삶(정신의 작용)이 끊임없이 상호작용을 하는 것입니다.

마리아 몬테소리는 아이가 경험을 흡수하고 통합하여 내재화하는 정신적인 상태를 '흡수하는 정신'이라고 일컬었습니다. 아이는 우선 경험을 흡수한 뒤 분석합니다. 흡수하는 정신은 태어나서 만 3세까지는 무의식적이었다가 만 3세부터 6세까지는 점차 의식적으로 변합니다.

뇌신경 분야의 과학자와 연구가들은 몬테소리가 주장한 흡수하는 정신을 증명했습니다. 뇌세포를 연결하는 고리로 알려진 시냅스는 생후 3년 동안 가장 활발하게 만들어집니다. 그래서 이 시기의 아이의 뇌는 마치 모든 것을 빨아들이는 진공청소기처럼 기능하지요.

이후 만 4세부터는 시냅스 형성이 감소하는데, 특히 사춘기 이후에 많이 줄어듭니다. 아이가 자랄수록 불필요한 시냅스는 '가지치기'를 당하여 더 유용한 시냅스를 위해 소멸됩니다. 그래서 배운다는 것은 더 유용한 능력을 개발하기 위해 잉여능력을 제거하는 과정이라고도 말할 수 있지요. 아이는 주변 환경으로부터 주어진 것과 주어지지 않는 것에 따라 만들어집니다.

이렇게 모방을 통해 주변 환경의 특징을 통합할 수 있는 능력 덕분에 아이는 자기만의 성격을 형성할 수 있고, 다른 한편으로는 '자기 시대의 사람'이 될 수 있습니다. 다시 말해 자신이 사는 사회의 문화와 시대에 적응하는 것이지요. 아이는 흡수하는 정신을 통해 개인적인 정체성을 만들 뿐만 아니라 자기가 자라는 집단의 정체성에 맞는 사회적 정체성도 형성합니다. 아이는 접촉하는 사람들의 언어, 관습, 습관, 가치관을 흡수하며, 이를 통해 사회적 집단에 속한다는 소속감을 느끼게 됩니다. 이러한 소속감 덕분에 아이는 커다란 안정감을 느끼고 자신감을 키우게 됩니다.

마리아 몬테소리는 저서『과학적 교육학』[1]에서 "아이는 생후 1년 동안 흡수하는 정신을 통해 개인의 모든 특성을 무의식적으로 흡수한다. 또한 그동안 주변에서 주어지는 교육적인 도움을 모두 흡수한다. 이 시기의 인간은 지치지 않고 활동하며 마치 영양분처럼 지식을 몸속에서 소화한다"라고 설명했습니다.

민감기

흡수하는 정신은 마리아 몬테소리가 '민감기'라고 칭한 본능에 따라 발달합니다. 민감기는 아이에게 정해진 시기에 자신의 발달에 필요하고 성장단계에 적합한 환경적 측면에 관심을 집중시키는 내면의 성향

---

[1] Maria Montessori, *Pédagogie scientifique, Tome 1: La Maison des enfants*, Desclée de Brouwer, 2004. (『과학적 교육학: 제1권 아이들의 집』, 국내 미출간)

입니다. 몬테소리는 민감기를 아이의 내면을 비추는 등불에 비유했습니다. 민감기는 아이에게 무엇이 필요한지를 확인시켜주기 때문입니다.

아이는 자신의 필요에 따라 환경에서 무엇을 배울지 선택합니다. 특정 활동에 매우 민감하게 반응하지만 다른 활동에는 무관심한 모습을 보입니다. 한 가지 활동을 정하고 나면 그 활동에 관심을 쏟고 집중하며 특별한 노력 없이도 자연스레 즐겁게 배웁니다.

아이는 자신이 속한 환경에서 자신이 계속할 수 있으며 자신을 정신적으로 성장시켜주는 것을 본능적으로 선택합니다. 아이가 선택한 외부 대상은 아이의 감각에 흔적을 남기고 정신세계에 영향을 미치며, 지능을 발달시키는 관계를 맺도록 유도합니다. 예를 들면 아이가 움직임에 대한 민감기를 지나고 있을 때는 신체의 움직임을 발달시키는 데 도움이 되는 모든 활동에 끌립니다.

민감기의 시기와 강도는 아이마다 조금씩 다를 수 있습니다. 그리고 각기 다른 민감기가 겹치기도 하지요. 어떤 민감기는 태내에서부터 시작됩니다. 마리아 몬테소리는 다음과 같이 민감기를 여섯 가지로 나누었습니다.

★ 질서에 대한 민감기(0세부터 만 6세까지)
★ 움직임에 대한 민감기(0세부터 만 5~6세까지)
★ 언어에 대한 민감기(0세부터 만 7세까지)
★ 감각에 대한 민감기(0세부터 만 6세까지)

★ 작은 사물에 대한 민감기(만 1세부터 만 6~7세까지)

★ 사회적 관계에 대한 민감기(태내에서 시작해 만 6세쯤 절정)

민감기는 일정한 시기 동안 지속되다가 사라집니다. 민감기 동안 특정 능력이 학습되고 나면 민감기는 끝납니다. 아이는 학습 욕구를 충족하고, 본능적으로 추구했던 능력을 습득하고 나면 다른 것에 눈을 돌립니다.

'민감기'는 네덜란드의 생물학자 휘호 더프리스(Hugo de Vries)가 1902년에 제창한 개념입니다. 마리아 몬테소리는 이 개념을 교육학에 도입했지요. 애벌레를 관찰하던 더프리스는 애벌레가 알을 깨고 나온 직후 빛에 민감하다는 사실을 발견했습니다. 애벌레는 나무뿌리에서 태어나서 생존에 필요한 영양소가 들어 있는 어린잎을 뜯어먹기 위해 나뭇가지 끝으로 올라갑니다. 그리고 며칠이 지나면 애벌레는 더는 빛에 끌리지 않습니다. 이제는 연한 잎을 먹을 필요가 없기 때문이지요. 애벌레는 다시 나무줄기와 기둥을 따라 땅으로 내려옵니다. 자신이 쫓았던 빛이 이제는 성장에 방해가 되기 때문입니다. 이렇게 애벌레는 여러 차례에 걸쳐 각기 다른 기간 동안 본능적으로 자신이 성장하는 데 필요한 요소를 주변 환경에서 찾습니다.

다른 예로 바다거북을 살펴볼까요? 바다거북은 모래사장에서 태어나는데, 알을 깨고 나오자마자 엄청난 기세로 바다로 뛰어듭니다. 바다거북의 알이 부화하려면 모래사장의 열이 필요하지만, 알을 깨고 나온 새끼가 살아남으려면 물이 절대적으로 필요하기 때문입니다. 이렇게 본능을 따르는 데 장애물이 있다면 죽고 마는 것입니다.

"민감기에 일어나는 내적 활동의 중심은 바로 이성이다."

마리아 몬테소리, 『어린이의 비밀』

결과적으로 민감기는 인생이 걸릴 정도로 중요하고 거스를 수 없는 요구라고 할 수 있습니다. 마리아 몬테소리는 이러한 요구가 충족되지 않을 때 아이는 큰 심리적 고통을 느낀다고 생각했습니다. 아이가 느끼는 고통의 원인은 대부분 무의식에서 기원하며, 분노나 슬픔, 불쾌감 등의 폭력적인 반응을 초래할 수 있습니다.

몬테소리는 흔히 아이들이 부린다는 '변덕'의 원인 대부분이 이러한 고통 때문이라고 생각했습니다. 사실은 아이가 느끼는 엄청난 지적 좌절감을 표현하는 방식이지요. 이러한 사실을 잘 알면 아이의 반응을 더 잘 이해할 수 있습니다.

어른들의 눈에는 별것 아닌 일이지만 아이가 관심과 열정을 가지고 집중하는 모습을 상상해봅시다. 아이를 방해하거나, 나아가 아이가 그 활동을 마치는 것을 방해한다면 생존을 위해 도약하고 있는 아이를 방해하는 것이며, 실질적인 정신 발달을 막는 것입니다. 그래서 아이는 자기가 하던 활동이 자신에게 얼마나 중요한지는 모르더라도 화가 나지요. 아이는 좌절감을 말로 표현하는 법을 모릅니다.

특히 아직 말을 하지 못하는 어린아이는 발을 쿵쿵 구르기도 합니다. 아이가 하는 일이 어른들의 눈에는 아무런 쓸모 없는 사소한 일로 보이더라도 아이에게는 가장 중요한 일일지도 모릅니다.

몬테소리는 **아이가 내면을 구축하고자 하는 큰 충동을 따를 때, 이를 방해하지 않도록 주의해야** 한다고 주장했습니다. 아이가 폭발적으로 성장해야 할 때 지나치게 자주 방해를 받으면 제대로 발달하기 어렵습니다. 그리고 민감기에 향상되어야 할 능력이 제대로 습득되지 않은 채로 민감기가 끝나버린다면, 나중에는 훨씬 큰 노력을 기울여야만 그 능력을 배울 수 있습니다.

불행하게도 아이의 발달에 필요한 환경적인 요소가 주어지지 않는 극단적인 경우도 있습니다. 이런 경우에는 다음에 다룰 디에고의 이야기처럼 비극적인 결과로 이어질 수 있습니다. 반면 탐색 욕구가 잘 충족되는 아이는 만족감을 느낍니다. 배움이 주는 행복감 덕분에 유쾌하고 명랑합니다.

사실 아이는 본래 배움에 대한 목마름을 끊임없이 느낍니다. 마치 모험가처럼 새로운 것에 끌리지요. 아이는 탐색하고, 삶을 발견하고, 시험하고, 실험하고, 시도하고, 또 시도하고자 하는 동기를 가지고 태어납니다. 그래서 늘 열정이 넘치지요. 아이는 배울 때 즐거움을 느끼며 지치지 않고 활력이 넘칩니다. 이러한 자연적인 학습 동기는 강요된 활동을 할 때는 전혀 생기지 않습니다. 그런 활동은 민감기라는 중대한 도약과는 아무런 관계가 없기 때문입니다.

민감기에 관련된 능력이나 기술을 배우는 것은 당연한 이치입니다. 민감기가 지나고 나서 배우려면 훨씬 힘듭니다. 언어에 대한 민감기(0세부터 만 7세까지) 동안 제2언어에 노출된 아이가 얼마나 쉽게 외국어를 배우는지 살펴볼까요? 외국어를 열심히 배우기 시작하는 성인과 민감기에 외국어를 배우는 아이의 학습 과정은 많이 다릅니다.

> **"아이가 민감기의 내적 지시에 따라 행동할 수 없다면, 자연스럽게 습득할 기회를 놓치게 된다."**
> 마리아 몬테소리, 『어린이의 비밀』

민감기 아이의 경우 자발적인 언어 습득이 이루어지지만, 성인의 언어 학습에는 추론이 개입됩니다. 읽기와 쓰기 학습에서도 같은 현상이 나타납니다. 초등학교 입학 전 아주 이른 시기에 외국어를 잘하는 아이들도 더러 있습니다. 그러니까 민감기가 그냥 지나게 두어서는 안 됩니다. 시간이 지나면 학습이 더 어려워지기 때문입니다. 떠난 버스는 다시 돌아오지 않습니다. 아이의 배움에 대한 욕구를 지켜주세요. 그것은 보물입니다. 아이에게 학습 욕구가 생길 때까지 기다려주고, 민감기가 되면 이를 활용하세요.

아직 아이가 아무것도 배우고 싶어 하지 않는다고 해도 인내심을 가지고 기다려야 합니다. 걸음마를 가르치고 배변훈련을 할 때처럼 말이지요. 기다려주고 아이가 필요로 할 때 곁에 있어주어야 합니다. 아이는 탐색 욕구와 발견의 즐거움이 이끄는 대로 배우는 기쁨을 느낍니다. 몬테소리는 우리가 사는 데 산소가 필요한 것처럼 배우는 기쁨은 아이의 지능 형성에 필수 불가결한 조건이라고 주장했습니다.

아이는 자신에게 주어지는 바탕 위에서 자랍니다. 따라서 아이의 필요에 맞는 환경을 제때 제공해주는 것이 무엇보다 중요합니다.

민감기에 해당하는 자극을 적절하게 주는 것도 중요합니다. 자극은 너무 많거나 너무 적지 않아야 합니다. 자극을 과도하게 주지 않도록 주의해야 합니다. 아이가 싫증을 낼 수도 있기 때문이지요. 아무리 스펀지라고 해도 대야에 담긴 물을 전부 빨아들일 수는 없습니다.

마리아 몬테소리는 모든 아이는 엄청난 잠재력을 가지고 있지만, 필요한 자극이 적기에 주어질 때, 특히 자극의 양과 질이 적절할 때 그 잠재력이 최대한 발달할 수 있다고 믿었습니다. 따라서 아이가 민감기를 지나는 동안 잘 도약할 수 있도록 돕기 위해서는 민감기의 원칙을 잘 이해하는 것이 중요합니다.

핵심 키워드

★ **지각**: 감각 기관을 자극하는 대상을 감각을 통해 이해하는 행위
★ **인상**: 남은 자취나 흔적
★ **흡수하는 정신**: 주변의 모든 것을 받아들이고 습득하는 능력
★ **민감기**: 발달단계에 필요한 특정 요소에 아이가 특히 민감하게 반응하는 시기

민감기를 놓쳐버린
디에고의 이야기

저는 한 구호단체에서 일하며 브라질에서 1년 좀 넘는 시간을 보냈습니다. 저와 남편은 디에고라는 열 살짜리 아이를 위탁받아 보육했지요. 디에고는 태어날 때부터 뇌성마비를 앓아서 영유아기에 아무런 자극도 받지 못한 채로 자랐습니다.

디에고는 생후 4개월 만에 한 병원에 버려졌고, 몇 년 뒤 보육원으로 보내져 부모에게서 버림받은 다른 아이들과 함께 자랐습니다. 디에고는 10년 동안 난간이 있는 침대에 누워 지냈습니다. 목욕과 식사시간에만 아주 드물게 침대 밖으로 나올 뿐 늘 한자리에서 지냈습니다. 보육원에는 자금과 인력이 부족했기 때문에 디에고는 세심한 돌봄을 받지 못했고 특별한 관심도 받지 못했습니다.

올바른 발달을 위해 꼭 필요한 환경과 자극이 없었기 때문에 디에고는 걷고 말하고 자기 몸을 깨끗이 하는 법을 전혀 배우지 못했습니다. 디에고는 사람들 틈에 살기는 했지만 어떤 관점에서 보자면 인간관계도 완전히 결핍되어 있었습니다. 마치 18세기 프랑스의 아베롱에서 발견된 후 이타르 박사가 돌본 야생소년과도 비슷한 처지였습니다. 디에고는 너무 오랜 시간 자극을 받지 못했기 때문에 언어, 운동 협응, 사회성 등 인간의 특성을 전혀 습득하지 못했습니다.

디에고는 우리와 지내는 동안 사회적 관계에 대해 배웠습니다. 하지만 말하는 법과 움직임을 제어하는 법은 배우지 못했지요. 디에고는 걷거나 서지 못하고 혼자 밥을 먹지도 못합니다. 어떻게 보면 그가 버려졌던 나이에 아직 머물러 있다고 할 수도 있지요. 디에고의 신체 운동 능력과 언어는 생후 6개월 된 아기와 같았으니까요.

브라질을 떠난 뒤로도 주기적으로 디에고의 소식을 들었고, 10년이 지난 후 디에고를 다시 만나러 가보았습니다. 디에고는 평화롭게 살고 있었습니다. 언제나처럼 타인에게 완전히 의존해서 말이지요. 어린 디에고는 마치 감옥에 갇힌 것처럼 10년 동안 침대 속에서 관계를 박탈당한 채 살아오며 정신적 고통을 겪었을지도 모릅니다.

지나간 민감기는 되돌릴 수 없다 --------------------------

디에고의 이야기는 극단적이기는 하지만 지나간 민감기를 '되돌릴 수 없다'는 사실을 보여주는 좋은 예시입니다. 민감기는 언제 시작해서 언제 끝나는지 명확히 정해져 있지 않기 때문에 우리가 모르는 사이에 아이가 성장을 위해 자극을 '필요'로 하는 시기가 올 수도 있습니다. 따라서 아이가 잘되기를 그 누구보다 바라는 부모일지라도 필요한 자극을 적절한 시기에 충분히 제공하지 못할 수도 있지요.

다시 한번 말하자면, 이 때문에 안타까운 결과가 발생할 수 있습니다.

질서에 대한 민감기

아마 고개를 갸우뚱하신 분들도 있을 것입니다.

"우리 아이가 질서에 민감하다고? 그렇게 어지르는 걸로 보아 분명 그럴 리가 없는걸."

어쩌면 지금 여러분의 아이는 질서에 대한 민감기를 지나고 있거나 이미 지났을 수도 있습니다. 질서에 대한 민감기는 0세에서 만 6세 사이에 나타납니다. 만약 여러분의 아이가 이 나이대에 해당한다면 지금 질서에 대해 강하게 집착하거나 혹은 얼마 전에 그런 시기가 지났을 거예요.

질서를 추구하는 것은 아이의 기본적인 특성입니다. 질서를 통해 아이는 안정감을 느낄 수 있습니다. 외부의 질서가 있어야 내면의 질서를 구축할 수 있고, 경험을 통해 수집한 지각의 소용돌이를 정리할 수 있습니다. 질서에 대한 민감기는 아이의 전반적인 정신세계를 결정짓습니다. 질서감이 형성되면 아이의 정신적인 중추와 신체적인 중추가 단단해지며 아이는 안정감을 느낄 수 있습니다.

질서는 기계적인 것을 뜻하지 않습니다. 아이를 대하는 방식이 일관되어야 한다는 것을 뜻합니다. 아이는 '똑같은 것'을 원합니다. 다시 말해 아이에게는 시간, 공간, 식사나 잠자리, 안아주는 방식 등에서 루틴과 일정한 지표가 필요합니다. 그렇다고 해서 모든 것을 정해진 방식대로 따라야 하는 것은 아닙니다. 인생은 예기치 못한 일들의 연속이니까요. 그러나 우리가 아이를 대하는 전반적인 태도는 규칙적이고 일관되게 유지할 수 있습니다.

질서에 대한 민감기의 핵심은 아이를 자기가 알고 있는 환경에 두는 것입니다. 아이는 배 속에서 엄마와 한 몸으로 자랐기 때문에 태어나서 얼마 동안은 엄마와 자신이 다른 존재라는 것을 인식하지 못하지만, 질서가 유지되는 환경에서 자라면서 자신과 엄마를 다른 존재로 구별할 수 있게 됩니다.

아이가 자라서 생후 8개월쯤 되면 마침내 대상 영속성(object permanence)을 깨닫습니다. 아이는 자신이 보고 있던 것이 눈앞에서 사라지더라도 계속 존재한다는 것을 깨닫게 되고, 자신이 보는 대상과 자기 자신을 구분할 수 있게 되지요. 질서는 아이가 대상 영속성의 개념을 이해하는 데 도움이 됩니다.

아이는 살면서 다양한 경험을 합니다. 경험을 통해 얻는 지각이 규칙적이면 흡수한 지각을 선별하고 정리하는 데도 도움이 됩니다. 아이는 지표를 이용하여 현실 속에서 자기 자리를 찾을 수 있습니다. 지표는 항상 같은 물건이 같은 자리에 있고, 같은 목소리를 듣고, 같은 냄새를 맡고, 같은 관심을 받는 것 등을 의미합니다. 정신적 발달을 돕는 안정적인 환경 속에서 아이는 평화롭고 차분하게 성장해나갑니다.

이후 질서가 확립된 환경은 질서 지표에 대한 인식을 돕고, 따라서 아이의 안정감과 자신감, 삶에 대한 신뢰감을 긍정적으로 형성하는 데 도움이 됩니다. 그러나 무질서한 환경에서는 질서 지표를 인식하는 것이 어렵고, 아이의 안정감과 자신감, 신뢰감이 제대로 형성되지 않습니다.

움직임에 대한 민감기

"아이는 움직이면서 자란다"라는 말이 있습니다. 이 말을 머리로는 이해하지만 마음으로는 받아들이지 못할 때가 있을 거예요. 그렇지만 움직임은 아이의 성장에 절대 빠질 수 없는 요소입니다. 움직이는 것 자체가 아이의 삶이지요. 아이는 마음대로 움직일 수 있어야 합니다.

아이의 움직임은 협응력이 떨어진다는 특징이 있습니다. 그리고 다른 동물은 태어나자마자 혼자 움직일 수 있지만, 갓 태어난 아기는 스스로 움직일 수 없습니다. 그렇지만 인간은 유일하게 두 발로 걷는 동물입니다. 이족 보행은 훨씬 복잡한 움직임이어서 더 많은 단계를 거쳐 점진적으로 습득되는 기술입니다. 하지만 두 발로 걷기 때문에 손을 자유롭게 사용할 수 있습니다. 손은 지능을 활용할 수 있는 소중한 도구입니다.

인간의 뇌세포는 생후 2년 동안 미엘린을 매우 활발하게 형성합니다. 아이는 두 돌이 될 때까지 머리부터 시작하여 아랫부분으로 점진적으로 발달하며, 걷고 달리는 법을 배웁니다. 먼저 목을 가누고 그다음으로 허리를 세워 앉고 이후에는 두 발로 섭니다. 일단 한 발을 뗄 수 있게 되면 아이는 마치 콜럼버스처럼 신대륙 정복에 나섭니다. 그때부터 움직임은 신체 발달의 영역을 넘어 정신적인 성장의 밑거름이 됩니다. 아이는 이제 걸을 수 있고, 그 덕분에 더욱 다양한 경험을 할 수 있기 때문입니다.

움직임의 협응, 즉 몬테소리가 말한 '인지적 움직임'을 위해서는 자극이 필요합니다. 몬테소리는 협응이 이루어진 움직임에는 목적이 있으므로, 이를 인지적 움직임이라고 불렀습니다.

우리는 디에고(53쪽 참고)의 이야기를 통해 영유아기에 신체의 협응 능력을 키울 수 있는 관계에 노출되는 것이 얼마나 중요한지 배웠습니다. 생후 4개월부터 열 살이 될 때까지 침대 밖으로 나오지 않았던 디에고는 결국 걷는 법을 배우지 못했습니다. 그 후 12년 동안 훈련을 했지만, 아직도 걷지 못합니다. 혼자서는 겨우 일어설 수 있는 정도이지요. 근육은 자극을 받지 못해서 발달하지 않았고, 관절도 쓰지 않아 굽힐 수 없습니다. 신체 발달과 정신 발달 사이에는 끊임없는 상호작용이 이루어지며, 신체의 가소성과 뇌 가소성 사이에도 연관관계가 있습니다.

따라서 아이의 움직임을 존중해주어야 하고, 아이가 돌아다니면서 움직임을 발달시킬 만한 공간을 마련해주는 것이 중요합니다. 위험으로부터 아이를 지키는 것 외에는 전혀 쓸모없는 베이비룸을 설치하는 것이 과연 옳은 일인지 생각해보아야 합니다. 한 평도 채 되지 않은 좁은 공간에 울타리를 치는 대신에 좀 더 넓은 공간을 아이에게 마련해주는 것이 어떨까요? 성장에 맞춰 공간을 바꾸면서 아이에게 안전하면서도 더 넓은 공간을 마련해줄 수도 있습니다.

마리아 몬테소리는 다음과 같이 주장했습니다.

"인간은 감정을 억제하고 주도적으로 인생을 살아가기 위해 스스로 만들어진다. 그리고 실제로 우리는 아이가 끊임없이 움직이는 것을 볼 수 있다. 아이는 정신과 움직임을 연계시키며 조금씩 움직임을 만들어가는 것이 분명하다. 성인은 사고에 따라 성숙하게 움직이지만, **아이는 사고와 행동을 조화롭게 성장시키기 위해 움직인다.** (…) 결과적으로 아이의 움직임을 방해하는 사람이나 환경은 아이의 인격 형성에 걸림돌이 된다."[2]

움직임을 자극하는 것은 아이에게 어떻게 움직이는지를 알려주는 것이 아니라 아이의 자유로운 움직임을 존중하는 것입니다. 아이는 마음껏 돌아다니면서 조심성을 배우고, 다치지 않게 넘어지는 법을 배웁니다. 과잉보호로 인해 움직임을 제한받는 아이는 어떻게 하면 위험해지는지, 어느 정도까지 움직여도 되는지에 대해 잘 모르기 때문에 더 쉽게 위험에 빠질 수 있습니다.

---

2 Maria Montessori, *L'Enfant dans la famille*, Desclée de Brouwer, 2007. 11장. (『가정에서의 유아들』, 다음세대, 1998)

언어에 대한 민감기

프랑수아즈 돌토(Françoise Dolto, 1908~1988)의 유명한 저서 『언어가 모든 것을 결정한다(Tout est langage, 국내 미출간)』의 제목처럼 언어에 대한 민감기는 아주 중요합니다. 이 민감기는 아이가 태어나기 전부터 시작됩니다. 아이는 태어나는 순간부터 언어에 노출되지만, 언어 구사 능력을 가지고 태어나지는 않습니다. 그러나 언어를 만들어낼 수 있는 메커니즘을 가지고 태어나지요. 아이는 엄마의 배 속에서부터 주변 사람들의 목소리를 구별할 수 있습니다. 그리고 그들이 하는 말의 억양, 운율, 뉘앙스를 이해합니다.

언어에 대한 민감기는 총 세 단계에 걸쳐 진행됩니다.

- ★ 첫 번째 민감기는 태내기부터 시작하여 처음 단어를 말하기 시작할 때까지다.
- ★ 두 번째 민감기는 듣기와 말하기 기술을 습득할 때부터 읽기와 쓰기 기술을 습득할 때까지다(소리의 부호적 표현에 대한 민감성).
- ★ 세 번째 민감기는 문법에 대한 민감기다(단어의 성격과 기능, 문장 구조에 대한 민감성).

위에 언급한 세 단계는 단계별로 진행되며, 각각의 단계는 폭발적으로 나타납니다. 아이는 다른 사람들이 하는 말을 조금씩 흡수하다가 어느 날 갑자기 말을 하기 시작합니다. 시간이 지나면서 말이 점차 가다듬어지지요. 그리고 몇 년 동안 읽기와 쓰기를 준비하다가, 어느 날 갑자기 단어를 알아보기 시작하고 한 단어 한 단어씩 써보면서 읽기와 쓰기 과정이 시작됩니다. 문법에 대한 민감기도 이와 같은 방식으로 진행됩니다. 세 단계의 민감기는 대체로 오랜 성숙 기간을 거친 뒤 시작됩니다. 그래서 간혹 민감기가 시작하는 순간을 눈치채지 못할 때도 있습니다.

언어에 대한 민감기에도 자극이 반드시 주어져야 합니다. 다른 동물은 태어날 때부터 의사소통을 할 수 있지만, 인간은 언어를 사용하는 법을 배워야 합니다. 아베롱에서 발견된 야생소년처럼 언어에 노출되지 않는다면 절대로 말하는 법을 배울 수 없습니다. 성대와 청각은 언어에 대한 민감기에 훈련해야 합니다. 그리고 이 시기에 언어와 관련된 모든 활동이 이루어져야 합니다.

12세기 신성로마제국 황제 프리드리히 2세의 슬픈 에피소드를 보면 이러한 사실을 잘 알 수 있습니다. 프리드리히 2세는 6개 국어를 자유자재로 구사할 수 있었는데, 그는 인간이 '자연적으로' 어떤 언어를 습득하는지 궁금했습니다.

그는 유모들에게 여섯 명의 갓난아이를 돌보되 아기들과 있을 때는 절대 말을 하지 말라고 명령했습니다. 프리드리히 2세는 아기들이 어느 날 갑자기 자연스럽게 자기 고유의 언어로 말을 할 것이라고 생각했고, 그 언어가 라틴어나 그리스어일 것이라고 추측했습니다. 하지만 완전한 침묵 속에 갇힌 갓난아이들은 일찍 세상을 떠나고 말았습니다. 이 일화를 통해 소통은 인간의 삶을 좌우하며, 언어는 개인의 정신세계를 형성한다는 사실을 알 수 있습니다.

생후 12개월경이 되면 아이는 하나의 단어를 이용해 상황에 맞는 문장을 만듭니다. 가족은 아이가 하는 말을 이해할 수 있지만, 낯선 사람들은 잘 이해하지 못합니다. 생후 12개월에서 20개월 사이에도 한 단어로만 이루어진 문장을 만들지만, 다양한 상황에 맞게 문장을 구사할 수 있습니다. 그리고 좀 더 지나면 두 단어를 사용하여 문장을 만들고, 이후에는 세 단어를 붙여 사용할 수 있게 되면서 아이와 대화를 주고받기가 쉬워집니다.

만 2세 전후의 아이는 최소한 200개 이상의 단어를 사용할 수 있으며, 어떤 아이들은 훨씬 더 많은 단어를 사용하기도 합니다. 그때부터 점점 더 긴 문장을 만들 수 있습니다. 아이는 처음에는 자신을 '아기'라고 칭합니다. 이후에는 책의 앞부분에서 언급한 것처럼 '나'라는 단어를 사용하기 전까지 자기 이름을 사용해 자신을 지칭합니다. 일인칭을 사용한다는 것은 자신의 정체성을 인식하는 새로운 인간이 탄생했다는 것을 의미합니다. 물론 만 2세가 되기 전에 자기 자신을 '나'라고 칭하는 아이도 있습니다.

아이는 다른 사람과의 관계 속에서 자신만의 언어를 만듭니다. 아이는 자기 주변 사람들이 쓰는 말이 간단하든 복잡하든, 혹은 다양한 어휘를 사용한 언어이든 아니든 간에 주변에서 들리는 말을 쉽게 흡수합니다. 그리고 두 개 이상의 언어를 듣고 자라면, 그만큼 여러 언어를 흡수합니다.

아이가 습득하는 최초의 언어는 누군가가 가르친 것이 아니라 저절로 익힌 것입니다. 언어 습득은 단계별로 이루어집니다. 언어 습득의 한 단계인 대상을 손가락으로 가리키는 포인팅(pointing)도 인간의 특징 중 하나인 진정한 의미의 의사소통에 해당합니다.

아이는 눈에 보이는 대상의 이름을 말하기 시작합니다. 그리고 그 대상이 보이지 않을 때는 그것을 떠올리기 위해 대상의 명칭을 말합니다. 즉, 언어가 발달하면서 아이는 부재하는 대상을 부를 수 있게 됩니다. 모든 언어의 발달 과정은 부재하는 것을 표현하는 상징적인 구성 과정입니다. 아이는 대상과 거리를 둠으로써 그 대상을 표현하고 명칭을 부를 수 있게 됩니다. 단어는 정신적인 활동의 기초를 이루고, 사고는 말을 통해 확장됩니다.

아이를 언어에 최대한, 그리고 최선을 다해 노출시키는 것은 매우 중요합니다. 그리고 아이가 맺는 관계에 언어를 결합하는 것도 중요하지요. 이를 위해 아이에게 무슨 일이 있었는지 묘사하고, 알아들을 수 있는 말로 풀어 설명하고, 우리가 하는 행동 하나하나를 주저하지 않고 말로 표현해야 합니다. "기저귀 갈아줄게. 소매를 접어줄게. 이제 바지를 입을 차례야. 오른발 먼저 넣고 이제 왼발을 넣자. 짠, 발이 나왔네. 양말을 신겨줄게"와 같이 말이지요.

대상의 이름 부르기, 묘사하기, 이미지나 대상 또는 장면에 관해 대화하기, 책 읽기, 이야기 들려주기, 노래 부르기, 정확한 단어와 다양한 어휘를 사용해 대화하기, 세세하게 설명하기, 일어난 일을 말할 수 있도록 아이에게 자극 주기, 어려운 단어일지도 모른다고 지레짐작하지 않고 대상의 이름 알려주기, 아이의 감정을 말로 표현해주기, 아이가 감정을 표현할 수 있게 유도하기……. 이런 다양한 방법을 통해 언어를 풍부하게 발달시킬 수 있습니다.

언어에 대한 민감기를 존중하기 위해서는 특별한 이유 없이 지나치게 아이에게 조용히 하라고 하지 않아야 합니다. 그리고 언어에 대한 민감기를 위한 모든 조언은 아이가 아주 어릴 때부터 실천하는 것이 좋습니다. 아이는 여러분이 생각하는 것보다 더 많은 것을 이해하기 때문입니다.

감각에 대한 민감기

아이는 다양한 경험을 합니다. 아이의 감각은 세상에 대한 이해를 돕는 열쇠입니다. 하지만 아이가 하는 감각적인 경험과 표현은 셀 수 없이 많고 매우 다양합니다. 만 6세쯤까지도 감각에 대한 민감기는 계속되지만, 아이는 지각을 정제하며 받아들입니다. 즉, 자신이 지각한 것을 통합하고 선별하고 이름을 붙이고 분류합니다. 아이의 지각은 점점 세련되게 발달합니다. 느낌을 말로 표현하면서 아이는 감정의 개념을 이해할 수 있고, 이를 통해 감정을 더 잘 조절할 수 있게 됩니다.

감각이 단련되면서 지능도 발달합니다. 이 과정은 아이의 발달에 있어 핵심적인 역할을 합니다. 아이가 자라는 환경에 많은 자극이 주어질수록 아이의 감각은 더 발달합니다. 짝 맞추기, 구분하기, 순서대로 나열하기, 구별하기 등 많은 놀이 활동을 통해 아이는 감각 경험을 분류할 수 있게 됩니다. 따라서 아주 어릴 때부터 주변 환경에서 주어지는 감각을 다양하게 경험할 수 있게 하는 것이 바람직합니다(248쪽 참고).

작은 사물에 대한 민감기

우리는 혹시라도 아이가 작은 물건을 삼켜버리지는 않을까 늘 걱정합니다. 그런데 아이가 작은 물건에 갖는 특별한 관심을 왜 눈치채지는 못할까요?

작은 물건에 대한 아이의 관심은 감각의 단련 및 예민성과 관련이 있습니다. 그래서 아이에게 작은 물건을 주고 탐색할 수 있도록 하는 것이 좋습니다. 물론 절대 눈을 떼어서는 안 됩니다. 아이는 씨앗, 작은 식물, 작은 피규어나 인형, 조개껍데기, 심지어는 망가진 물건의 파편도 좋아합니다. 크기가 아주 작기만 하다면 무엇이든 아이의 관심을 잡아끕니다.

사회적 관계에 대한 민감기

인간은 본질적으로 사회적인 존재입니다. 생물학적 필요만 충족해서는 살아갈 수 없습니다. 인간은 짝을 이루어 관계를 맺으면서 살고자 하는 욕구가 큽니다. 생존을 위해, 그리고 잘 성장하기 위해 아이에게는 다른 사람이 필요합니다. 아이는 주기적으로 타인과 관계를 맺고 싶어 합니다. 특히 태어난 후 한동안은 어른에게 매우 의존적이며, 점점 그 정도가 약해지기는 하지만 아주 오랫동안 어른에게 의존하며 살아갑니다.

아이는 태어나서 1년 동안은 자기 자신과 엄마를 구분하는 법을 배웁니다. 그리고 점차 자신의 개체성을 인식하게 되지요. 이후 생후 2~3년이 되면 자기주장이 강해지며 자기 자신을 삼인칭으로 일컬어 말하기 시작합니다.

만 6세 전후로는 자아의식을 갖고 타인을 의식합니다. 주변 사람들에게 많은 것을 받았기 때문에 이제 다른 사람에게 자신의 것을 나누어줄 준비가 되어 있습니다. 아이는 타인을 지금까지와는 다른 시선으로 바라봅니다. 그리고 도우려 하지요. 타인을 돕는 아이로 성장하려면 자신감이 필요하며, 자신감은 아이가 아주 어릴 때 키워주어야 합니다.

아이는 사회적 관계에 대한 민감기를 거치며 자아를 형성합니다. 마리아 몬테소리는 아이가 민감기에 방해를 받지 않는다면 자연스럽게 '충동적인 내적 생명력'을 얻게 된다고 설명했습니다. 이러한 생명력 덕분에 아이는 환경 속에서 자신에게 좋은 것을 선택하는 무의식적인 의지를 갖게 된다고 주장했습니다. 그리고 이 생명력을 '호르메(horme)'라고 불렀습니다. 아이는 마치 자신을 이끄는 '내적 안내자'를 따르듯이 호르메를 따르지요. 민감기를 이해하면 아이가 어떻게 폭발적으로 성장하는지 더 쉽게 파악할 수 있습니다.

또한 민감기를 잘 이용하여 아이가 쉽게 배우고 조화롭게 성장하도록 도울 수 있습니다. 이를 위해서는 각각의 민감기에 맞는 양질의 자극을 주어야 합니다. 적절한 자극은 신체기관이 '제 기능'을 할 수 있게 시동을 걸어줍니다. 만약 자극이 주어지지 않는다면 심리적 불안(과수면, 악몽, 퇴화 등)을 초래할 수도 있습니다.

집중

아이는 발달하기 위해 집중하고자 하는 욕구가 있습니다. 사람들은 아이가 집중하기에는 너무 어리다고 말하곤 합니다. 하지만 사실은 전혀 다릅니다. 신생아를 주의 깊게 관찰해보면 어떤 활동을 할 때 금세 엄청나게 집중하는 모습을 볼 수 있습니다. 사실 집중력은 활동으로부터 시작됩니다.

따라서 어쩔 수 없는 경우를 제외하고는 집중하는 아이를 방해하지 않도록 세심하게 신경 써야 합니다. 어떤 활동에 몰입한 아이는 정신적으로 자아를 구축하고 사고를 구조화시키고 있기 때문입니다. 아이는 실험하고, 느끼고, 자신의 지각을 정리합니다. 잠도 아이가 지각을 분류하는 데 핵심적인 역할을 합니다. 그러므로 아이가 잘 때는 가능한 깨우지 말아야 합니다.

그런데 이 모든 과정은 아이의 흥미에서 시작합니다. 아이가 어떤 활동에 끌리면 그 활동에 관심을 두고, 여러 번 반복하고, 집중합니다. 집중은 내면에서 이루어지는 훈련을 보여주는 외적 신호입니다. 아이는 활동을 하면서 정신적으로 스스로를 구축합니다.

흥미 → 관심 → 반복 → 집중 → 내면 구축

마리아 몬테소리는 『가정에서의 유아들』에서 아이의 집중에 대해 이렇게 설명했습니다.

"아이가 집중하는 소중한 순간을 이해하는 법을 배우고, 그 이해를 바탕으로 아이가 집중력을 학습에 사용할 수 있도록 해야 한다. 분명 이것이 모든 교육의 열쇠다. (…) 아이를 가르치는 방법은 오직 하나뿐이다. 가장 깊은 흥미를 자극하는 동시에 강도 높고 지속적인 관심을 끌어내는 것이다. 아이 내면의 힘을 이용하는 것만이 유일한 방법이다. 과연 그렇게 할 수 있을까? 충분히 가능한 일이며 필요한 일이기도 하다. 아이의 집중을 유도하기 위해 점진적으로 관심을 자극해야 한다. 처음에는 감각 기관을 통해 쉽게 지각할 수 있는 대상을 이용하는 것이 좋다." 그리고 "아이가 발견해야 할 첫 번째 길은 바로 집중이다"라고 덧붙였습니다.

인간의 경향성

인간에게는 경향성이 있습니다. 경향성은 자신의 행동에 영향을 미치는 본능이며, 이러한 본능은 자기 종족에게 내재된 충동(예를 들면 자기방어기제와 생존본능 등)을 일으킵니다. 동물은 인간과 비교하면 훨씬 본능에 충실하며, 태어나면서부터 가지고 있는 선천적인 경향성을 따라 행동합니다. 예를 들면 철새가 떼를 지어 이동하는 것처럼 말이지요.

인간은 모든 것이 미리 결정된 상태로 태어나지 않습니다. 살아가는 환경이 인간에게 영향을 미치고 본능과 사고를 발달시키지요. 인간은 다양한 경향성을 지닙니다. 그중에 어떤 경향성은 선천적으로 유전되기도 하고 후천적으로 습득되기도 합니다.

마리아 몬테소리는 인간의 경향성에 대해 많은 연구를 했습니다. 특히 그녀의 아들 마리오는 자신의 어머니처럼 인간 성향에 대해 많은 관심을 쏟았고 이 주제에 대한 자신의 견해를 넓혀갔습니다. 그는 인간의 경향성을 알아내고 분류했습니다.

인간의 기본적인 경향성으로는 능동적인 삶(혹은 주변 환경을 변화시키려고 노력하는 삶), 방향성, 정확도, 언어와 소통, 단체생활, 탐색, 관찰, 추상, 자기 완벽주의, 상상, 질서와 수학적 정신, 반복, 적

"민감기가 지나는 동안 아이는 모든 사물과 관계를 맺고자 하는 억누를 수 없는 충동을 느낀다. 이를 환경에 대한 사랑이라고 할 수 있다. 이 사랑은 우리가 흔히 느끼는 감정을 일컫는 사랑과는 다르다. 아이의 사랑은 지성에 대한 사랑이다. 아이는 이러한 사랑을 통해 보고, 흡수하고, 성장한다. 이 사랑은 아이가 주변을 관찰하게 이끄는 힘이다. 이는 단테의 표현을 빌려 '사랑을 이해하는 힘'이라고 할 수 있다."

마리아 몬테소리, 『어린이의 비밀』

응, 이해하기 위한 연구, 정신적 고양, 도덕적 지향 등이 있습니다.

아이를 키울 때는 이런 인간의 기본 경향성을 고려해야 합니다. 왜냐하면 아이가 잘 성장하기 위해서는 아이의 기본적인 성향에 맞춰 주변 환경을 마련해주는 것이 바람직하기 때문입니다.

인간의 경향성에
관한 이야기

아드리앙 로슈(Hadrien Roche), AMI 몬테소리 교사 (만 3~12세)

마리아 몬테소리는 교육에 전념하기 위해 의학도의 길을 그만둔 뒤 다양한 학문을 배우고자 했습니다. 그녀가 관심을 둔 분야 중에는 인류학과 동물학도 있었습니다.

몬테소리는 성장과 발달에 관심이 있었고, 본능이라는 주제에 매료되었습니다. 그녀는 대부분의 동물이 자기 종에 맞는 행동 양식을 가지고 태어난다는 사실을 알아차리고는 사람은 어떤 행동 양식을 가지고 태어나는지에 대해 생각했습니다. 거미는 태어날 때부터 거미집 짓는 법을 알고, 어린 코브라는 사냥하는 법을 압니다. 그렇다면 인간은 어떤 능력이나 습성을 가지고 태어날까요?

몬테소리는 인간은 갓 태어났을 때는 그냥 내버려두면 죽을 정도로 본능이 전혀 없는 상태이지만, 환경에 따라 다른 학습 능력을 갖춘다는 사실을 관찰했습니다. 즉, 인간은 태어날 때는 말을 할 수 없지만 어떤 언어든 습득할 수 있는 능력을 타고납니다.

이와 마찬가지로 인간은 가장 가까운 환경 속에서 움직이는 법, 일상생활의 사물을 사용하는 법, 자기가 속한 집단의 사회적 규범을 익히는 법을 배우게 됩니다. 바로 이것이 마리아 몬테소리가 설명한 적응 과정과 '네뷸러(nebulae)'를 보여주는 예입니다. 네뷸러는 '성운, 천체계'라는 뜻으로 아이가 처한 환경에 따라 실현되는 잠재력을 의미합니다.

환경에 의해 생물학적 프로그래밍이 이루어진다는 마리아 몬테소리의 주장에서 한발 더 나아가 그녀의 아들 마리오 몬테소리는 인간의 경향성에 대한 이론을 정립했습니다. 그는 인간이 근본적인 욕구를 충족하기 위해 하는 행동들이 시대나 장소와 관계없이 모든 인간에게서 보편적으로 관찰된다고 주장했습니다.

이러한 인간의 경향성은 자신이 처한 환경의 특성과 학습 계획이 상호작용을 할 때 나타납니다. 호모 사피엔스가 에티오피아의 강 유역을 떠난 이래로 인간이 개체로서, 그리고 생물 종으로서 생존하기 위해 하는 행동들은 인간 대부분에게서 관찰할 수 있습니다. 그러나 인간의 경향성을 하나부터 열까지 총망라하는 공식적인 목록 같은 것은 없습니다.

인간은 어떤 경향성을 띨까? ---------------------------------

★ **사회적 삶을 영위하는 경향성:** 인간은 언어를 이용하여 의사소통을 하고, 서로 관계를 맺으면서부터 사회적 규범, 이야기, 신앙, 관습 등으로 이루어진 공통의 문화를 창조합니다. 사회적 삶을 영위하는 성향은 다른 사람을 돌보는 능력, 공감 능력, 사랑 등으로 나타나기도 합니다.

★ **방향을 결정하고 탐험을 하는 경향성:** 신체적으로 인간은 얻은 지식을 바탕으로 자기에게서 가장 가까운 환경, 나아가서는 좀 더 먼 범위의 환경까지 통제할 수 있는 법을 연구하고, 이를 위해 지표를 설정합니다. 정신적으로는 새로운 사고를 이해하고 탐색하고자 하는 경향이 있습니다.

★ **관찰하고 이성적으로 사고하고 추상적으로 생각하는 경향성:** 인간이 속한 모든 사회는 수학적 사고의 형태를 발달시킵니다. 인간의 뇌는 인과관계를 동력으로 삼아 작동합니다. 우리는 완전히 본능에 따라 관찰하고, 분류하고, 원인과 결과 사이의 관계와 카테고리를 연구하고, 귀납적으로 사고하고 추론합니다.

★ **노동과 창의적 상상을 하는 경향성:** 인간은 무엇인가를 '만듭니다'. 이 점이 동물과 구분되는 특징이지요. 동물은 기본적인 욕구가 충족되면 휴식을 취하지만, 인간은 계속 움직입니다. 또한 인간은 어떤 문제에 직면하면 새로운 해결책을 찾고 새로운 도구를 만들기 위해 노력합니다. 매우 창조적인 존재이지요.

★ **활동을 통해 자기계발을 하는 경향성:** 인간은 태어날 때부터 반복하고 완벽을 지향합니다. 어떤 과제를 완료했을 때 느낄 수 있는 희열을 추구하면서 매우 정확하게 연구를 하고, 자신의 재능과 활동을 완벽하게 하고자 하는 욕망이 있습니다.

위에 언급한 다양한 경향성의 개념들은 몬테소리 교실에서도 끊임없이 다뤄지는 주제입니다. 20만 년 동안 우리 조상이 살아온 세계와 지금 우리가 사는 세계는 엄연히 다릅니다. 우리가 아이의 삶에 진정으로 도움이 되기를 원하고 아이의 본질적인 성격에 맞는 환경을 만들어주기 위해 노력하려면 인간의 경향성을 머릿속에 새겨두어야 합니다. 인간의 경향성은 아이의 행동을 이해하기 위한 해석 체계로 이용할 수 있을 뿐만 아니라 몬테소리 교실이나 육아 환경에서 목표를 설정하기 위한 도구로도 활용할 수 있습니다.

우리는 다음과 같은 질문을 던져보아야 합니다. 우리가 아이에게 제공하는 준비된 환경이 아이의 작업에 도움이 되는가? 반복, 사회적 삶, 탐험에 도움이 되는가? 아이에게서 인간의 경향성이 나타나지 않는다면 어떻게 환경을 개선해야 하는가?

생물 진화론적인 관점에서 볼 때 인류가 동굴 밖으로 나온 것은 불과 얼마 되지 않았다고 할 수 있습니다. 우리가 인류 발달에 도움이 되고 싶다면 우리 아이들이 물려받은 유전적인 특성을 받아들이고 이해해야 합니다. 우리의 목표는 아이가 내년에 무엇을 배울지 혹은 어떤 학교에 입학할지를 정하는 것이 아니라 아이가 앞으로 펼쳐나갈 삶을 돕는 것입니다.

발달단계

인간의 성장 과정을 그래프로 그려보면 곡선이나 직선이 아니라 계단 모양의 선을 그립니다. 마리아 몬테소리는 아이의 성장 시기를 네 가지로 구분하고 이를 '아동 발달단계'라고 불렀습니다.

- ★ 영유아기: 0~만 6세
- ★ 아동기: 만 6~12세
- ★ 청소년기: 만 12~18세
- ★ 청년기: 만 18~24세

각 발달단계가 시작하고 끝날 때마다 아이는 새로운 욕구를 가진 새로운 아이로 다시 태어납니다. 마리아 몬테소리는 이 발달단계에 따라 교육 시스템을 구성해야 한다고 주장했습니다.

몬테소리는 아이의 발달단계를 두 개의 그림으로 표현했습니다. 첫 번째 그림은 '생의 건설 속도'라는 제목의 좌우 대칭을 이루는 기하학적 그래프입니다. 두 번째 그림은 훨씬 상징적인 모양으로 '구근(球根)' 형태를 하고 있습니다. 우리가 일반적으로 생각하는 것과는 달리 인간의 발달을 그림으로 표현하면 직선을 그리지 않는다는 점을 보여주고자 한 것이지요.

아이의 능력은 단계적으로 커지는 것이 아니라 일정한 변화 주기를 겪으며 발달합니다. 이와 관련해 몬테소리는 발달단계를 지날 때마다 아이는 신체적으로도 정신적으로도 새로운 탄생을 겪는 것과 같다고 비유했습니다.

아이는 이러한 발달단계를 거쳐 마침내 하나의 인간이 됩니다. 그리고 그전 단계를 마무리해야 새로운 단계로 접어들 수 있습니다. 어떤 단계끼리는 서로 평행선을 그리기도 합니다. 특히 유아전기(유아기를 절반으로 나누었을 때 앞에 해당하는 시기로 출생부터 만 3세까지)와 청소년기가 그러합니다. 유아전기와 청소년기는 인격 형성에 있어 가장 중요한 시기로 여겨집니다.

이 두 시기에 신체적·정신적으로 가장 근본적인 변화가 일어납니다. 구근 그림에는 유아전기와 청소년기의 공통점이, 첫 번째 삼각형 그림에는 두 시기의 차이점이 그려져 있습니다. 구근 그림을 보면 청소년기보다는 유아기가 더 중요하다는 사실을 알 수 있습니다.

유아기는 인간이 살아가면서 끌어 쓸 수 있는 일종의 삶의 원천을 만드는 시기라고 할 수 있습니다. 검은색으로 표시된 부분은 미지의 시기인 태내기에 해당합니다. 그림을 보면 태내기에 관해서 알려진 것은 많지 않아도 상당히 중요한 의미를 지닌다는 점을 알 수 있습니다. 빨간색은 인간의 건설적인 창의력을 상징하며, 초록색은 차분한 성장을 의미합니다.

| 아동 발달단계 |

(생의 건설 속도)

| 출생 | 만 6세 | 만 12세 | 만 18세 | 만 24세 |

만 3세	만 9세	만 15세	만 21세
영유아기	**아동기**	**청소년기**	**청년기**
자아 인식의 시기	도덕성 발달	사회성 발달	정치성 발달

■ 창의력   ■ 잠복

| 아동 발달의 4단계 |

(구근)

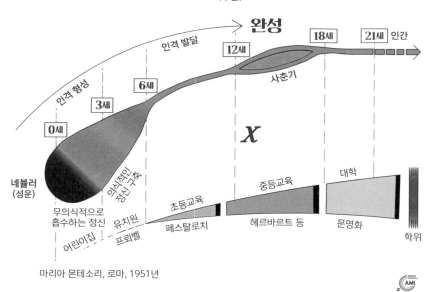

마리아 몬테소리, 로마, 1951년

© 국제몬테소리연구센터재단, 디 베르가모 센터
위 도식은 국제몬테소리협회에서 마리아 몬테소리의 초안으로부터 영감을 받아 만든 것입니다.
'구근'은 AMI 6~12세 과정의 창립자이자 몬테소리연구재단국제센터(FCISM)의 카밀로 그라치니 회장이
몬테소리가 만든 그림을 재현한 것입니다.

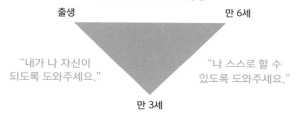

| 유아기 |

인간 특성 습득 및 인격 형성

출생   만 6세

"내가 나 자신이   "나 스스로 할 수
되도록 도와주세요."   있도록 도와주세요."

만 3세

보호와 지표가 필요	·	질서가 필요
민감기	·	민감기
무의식적으로 흡수하는 정신	·	의식적으로 흡수하는 정신
운동 협응력을 키우는 단계	·	인지적 움직임(손)을 정교화하는 단계
이미지를 흡수	·	감각 경험을 구조화
언어 발달	·	사회성 발달
독립 지향성 발달	·	의지와 자율성 훈련
자신의 개체성 인식	·	자기 훈육 발달

"이건 뭘까?", "어떻게 할까?"라는 질문에 대한
답을 탐구하고 감각을 탐색하는 탐험가이자 열정적인 관찰자

아이는 엄마 배 속에서 지내는 10개월 동안 엄마와 밀접한 관계를 맺습니다. 그러다가 어느 한순간 갑자기 태어나지요. 출생은 아이에게 환경의 변화를 의미합니다. 한 세상에서 다른 세상으로 이동하는 것입니다. 물속 세상에서 공기로 숨을 쉬는 바깥세상으로 나옵니다. 빛, 소리, 신체적인 접촉 등 전혀 느껴본 적 없는 새로운 감각을 경험합니다. 모든 것이 더 직접적이고 강렬하지요. 엄마의 배 속에서는 모든 것이 한 번 걸러지기 때문에 은밀하게 느껴집니다.

아이는 태어나는 순간부터 어느 정도 수동성을 버립니다. 이제 살기 위해 먹고 숨을 쉬어야 하므로 능동적인 자세가 필요하지요. 엄마의 몸을 통해 숨을 쉬고 영양분을 공급하는 시기는 이제 지났습니다. 더 이상 엄마와 '한 몸'이 아니게 된 것입니다.

그러나 마리아 몬테소리는 저서 『흡수하는 정신』에서 "아이는 엄마의 몸에서 바깥으로 나왔지만, 엄마와 분리된 것은 아니다"라고 서술했습니다. 아이가 인간이 되기 위해서는 수년의 시간이 필요합니다. 아이의 정체성은 만 3세쯤 '나', '저'라고 말할 수 있을 때까지 조금씩 형성됩니다. 그리고 만 3세에서 6세 사이에 자리를 잡지요. 인간은 그렇게 스스로 만들어지는 것입니다.

갓 태어난 아기는 매우 연약하고 의존적인 존재입니다. 하지만 이미 온전한 사람이며, 이제부터 인간으로 성장해야 한다는 임무를 수행해야 합니다. 아이는 자기 발달의 주체입니다. 다른 사람들과 주변 환경과 상호작용을 하며 끊임없이 배웁니다. 아이는 감각 경험을 통해 지능을 발달시킵니다. 그러면서 움직임, 언어, 감각, 지각을 형성하지요. 인간으로 완성되어가는 동시에 주변 환경과 시대적 특성을 모두 받아들이며 사회적 존재가 되어갑니다. 흡수하는 정신과 민감기는 유아기를 대표하는 특징이라 할 수 있습니다.

마리아 몬테소리는 다음과 같이 세 가지의 태아기를 제시했습니다.

★ 출생 전 신체적 태아
★ 출생부터 만 3세까지 정신적 태아
★ 만 3세부터 6세까지 사회적 태아

몬테소리는 정신적인 자아 형성 시기는 탄생부터 만 3세까지이며, 이 시기가 아이의 올바른 성장을 위해 가장 중요하다고 주장했습니다. 그런데 아이와 어른의 소통방식은 매우 다릅니다. 아이는 표현하고자 하는 욕구가 더 큽니다. 그것도 자기만의 방식으로 말입니다. 부모는 이 세상 누구보다 아이를 위하지만, 아이가 무엇을 표현하는지 이해하는 데 어려움을 겪곤 합니다. 아이가 우리가 하는 말을 잘 이해하지 못한다는 사실도 모릅니다. 그럼에도 아이에게 말을 걸며 나름대로 소통하려 노력합니다.

만 3세까지의 아이는 성인과는 다른 신체 리듬을 갖고 있습니다. 그런데 어떤 부모들은 아이를 낳기 전처럼 잠을 자고 자기의 시간을 관리하기 위해 아이의 신체 리듬을 자신에게 맞추려고 애를 씁니다.

우리가 필요할 때 곁에 있어줄수록, 아이의 언어를 이해하고 아이를 존중하려고 노력할수록 아이와 더 좋은 관계를 유지할 수 있습니다. 그리고 아이에게 집중하고 아이와의 관계에 더 적극적인 자세를 취한다면 그 관계는 더욱 편해질 것입니다. 부모와 좋은 관계를 유지하면 아이는 자기 속도대로 발달할 수 있습니다.

아이는 태어나서 만 3세까지 신체적으로 많은 변화를 경험합니다. 뇌의 부피는 세 배로 커집니다. 마리아 몬테소리는 아이가 이 시기 동안 점진적으로 정신적인 척추를 단단하게 만든다는 사실을 설명하며 '정신적 태아'라는 용어를 사용했습니다.

탄생은 분리입니다. 마음을 안정시킬 수 있는 긍정적인 경험을 많이 하게 해줄수록 아이는 변화무쌍한 시기를 잘 견뎌낼 수 있습니다. 그러므로 관계가 매우 중요합니다. 관계와 돌봄의 일관성과 질은 아이의 자신감과 삶에 결정적인 영향을 미칩니다. **유아기에는 아이의 기본적인 신뢰감이 형성되며, 이러한 신뢰가 잘 형성되어야 아이가 심리적인 균형을 장기적으로 잘 유지할 수 있습니다.** 저의 다른 책『몬테소리 기적의 육아: 0-36개월』은 영아기와 유아전기의 발달단계를 깊이 있게 다루고 있습니다.

아동기

| 아동기 |

"스스로 생각할 수 있도록 도와주세요."

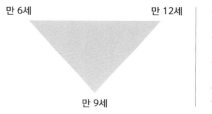

만 6세   만 12세

만 9세

- 사회적 인식의 발달
  (무리 지어 사는 삶에 대한 필요)
- 도덕적 인식의 발달
  (정의에 대한 감각)
- 상상력 발달
  (추상적인 것을 마음속에 그리는 능력)
- 이성적 사유 발달
- 항상 더 큰 세계를 탐험

"왜?", "어떻게?"라는 질문에 대한 답을 찾는 문화적 탐험가

아동기는 신체적으로도 정신적으로도 훨씬 안정된 시기입니다. 아이는 이전 발달단계에서 배운 것을 단단하게 다집니다. 또한 자기중심적 사고에서 벗어나서 넓은 세상으로 눈을 돌립니다. '나'에서 '우리'로 넘어갑니다. 만 6세의 아이는 '사회적 갓난아이'가 됩니다. 점점 개방적으로 변하지요. 지적 호기심도 발달합니다. 아이는 스스로 질문하고, 이해하기 위해 노력하고, 더 넓은 시각으로 관찰합니다. 이전까지는 자기 주변 환경에 머물러 있었다면 이제는 세상을 향해 탐험을 확장합니다.

아동기는 추상력(abstraction)이 발달하는 시기이기도 합니다. 구체적인 경험을 많이 할수록 아이는 현실을 더 관념적으로 배웁니다. 그리고 도덕성이 발달하는 시기이기도 합니다. 아이는 옳고 그름을 구분하는 법을 배웁니다. 자신의 문화를 받아들이고 자신이 속한 환경의 가치를 내재화합니다. 이전까지는 아이의 현실 감각이 충분히 발달했기 때문에 이제는 상상력을 키울 수 있습니다.

청소년기

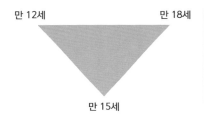

| 청소년기 |

"타인과 살아갈 수 있도록 도와주세요."

만 12세   만 18세

만 15세

- 신체적·정신적으로 큰 변화
- 타인과 대의에 대해 매우 민감해짐
- 자기 자리를 찾고 배려받는다는 느낌을 받기를 원함
- 집단에 속하고자 하는 본능과 타인의 시선에 대해 민감해짐(때로는 취약함)
- 자기가 자율적이고 생산 능력이 있는 존재라고 느끼기를 원함
- 자유와 제약이 필요함

"나는 누구인가?"라는 질문에 대한 답을 찾는
사회적이고 인류애적인 탐험가이자 문화적 탐험가

청소년기에는 신체적으로 큰 변화를 겪습니다. 아이의 몸은 점점 성인의 몸에 가까워집니다. 그리고 정신적인 삶도 크게 변합니다. 청소년은 더는 어린이가 아니지만 그렇다고 아직 성인이 된 것도 아닙니다. 그래서 이 시기 동안 새로운 정체성을 탐구하지요. 이전 발달단계에서 받아들인 주변 사회의 가치에 관해 다시 생각해보고 문제를 제기합니다. 그리고 그 가치를 부정합니다. 청소년기 내내 그러는 아이도 있고, 일시적으로 그러는 아이도 있습니다. 갈등이 자주 일어나며, 특히 자기 주장을 강하게 합니다.

청소년기 혹은 사춘기를 뜻하는 영어 단어 'adolescence'는 어원 상으로 '위기의 시기'를 의미하며, '위기'를 뜻하는 'crisis'라는 단어는 '구분하다', '구별하다', 다시 말해 '선택하다'는 의미인 그리스어 단어 'krisis'에서 파생했습니다.

그렇다고 해서 청소년기가 우리가 흔히 말하는 긴장이나 갈등, 어려움이나 문제를 뜻하는 '위기의 시기'라는 의미는 아닙니다. 청소년기는 유아기와 아동기의 편안함을 거부하기가 어려워서 혼란을 느끼는 단계입니다. 청소년은 항상 더 많은 자율과 독립성을 추구합니다. 청소년기는 다시 태어나는 것과도 같습니다. 이번에는 사회적으로 다시 태어나는 것이지요.

청소년기는 만 3세 이전의 영유아기처럼 계속 시험하고 한계를 찾아가는 불명확한 시기입니다. 청소년은 삶의 의미를 이해하고 자신의 정체성을 찾기 위해 노력합니다. 또한 집단에 속하는 것을 좋아합니다. 마리아 몬테소리는 청소년기의 아이에게는 독립적인 자유를 주고, 아이와 함께 좋은 시간을 보내고, 자연을 만끽할 수 있도록 해주어야 한다고 조언했습니다. 청소년에게는 자신이 닮고 싶은 좋은 본보기가 주변에 있는 것이 바람직한데, 그 대상이 꼭 가족일 필요는 없습니다.

청소년기는 변화무쌍합니다. 이는 자연스럽고, 심지어 바람직한 현상입니다. 아이가 성인이 되려면 부모에게서 떨어져서 자기 자신이 되어야 합니다.

청년기

청년기는 분리의 단계입니다. 이제는 스스로를 탐구하는 청소년기를 완전히 지났습니다. 유아기와 아동기의 특징은 하나도 남아 있지 않지요. 비로소 진정한 의미의 독립이 시작됩니다. 이제 막 성인이 된 청년은 '나'라는 사람과 사회를 인식합니다. 자율적인 존재가 되고 책임을 질 줄 알게 됩니다.

마리아 몬테소리는 20세기 초에 "우리 시대에는 성인이라고 할 수 있는 나이의 기준이 더 높아졌다. 그런데 그 기준도 사람마다 다 다르다"라고 말했습니다.

발달단계를 잘 이해하면 발달을 위한 아이의 신체적 욕구를 더 잘 충족시켜줄 수 있습니다. 그리고 아이가 자아를 인식하고 인격을 형성하는 데 도움을 줄 수 있습니다.

이건 꼭 명심하세요!

★ **흡수하는 정신**은 아이의 가장 기본적인 특성입니다. 흡수하는 정신이란 주변의 모든 것을 흡수하는 정신 상태를 뜻하며, 아이는 이를 통해 경험을 축적하고 내재화하며 자신을 스스로 건설할 수 있습니다. 흡수하는 정신은 만 3세부터 점차 의식적인 상태로 변합니다. 아이는 환경에서 주어지는 것과 주어지지 않는 것에 따라 인격을 형성한다고 할 수 있습니다.

★ **민감기**는 정해진 시기에 주변 환경에서 자기 발달에 필요한 요소를 찾도록 아이를 충동하는 내면의 경향을 말합니다. 일정 시기에 특정한 요소에 민감해지며 시간이 지나면 그러한 현상은 사라집니다. 주요 민감기에는 다음과 같은 것들이 있습니다.

- 질서에 대한 민감기
- 움직임에 대한 민감기
- 언어에 대한 민감기
- 감각에 대한 민감기
- 작은 사물에 대한 민감기
- 사회적 관계에 대한 민감기

마리아 몬테소리는 아동의 발달단계를 다음과 같이 네 단계로 나누었습니다.

- 영유아기(0~만 6세)
- 아동기(만 6~12세)
- 청소년기(만 12~18세)
- 청년기(만 18~24세)

몬테소리 학교
졸업생의 이야기

● 알리스(Alice), 화가

저는 유치원부터 초등학교를 졸업할 때까지 몬테소리 학교에 다녔습니다. 지금 돌이켜보면 그때의 경험이 지금 저의 내면을 구축하고 세상을 보는 시각을 형성하는 데 영향을 주었다고 생각합니다. 사람들을 볼 때 한 명 한 명 각자 성격과 자질이 있는 개인으로 바라보는 법, 특히 나와 아주 다른 사람이더라도 있는 그대로 받아들이는 방법을 몬테소리 학교에서 배웠지요. 개인의 자질은 사람들의 기대나 사회의 요구와는 다릅니다. 모두가 있는 그대로의 자기 모습에 따라 자기 인생을 펼쳐나가도록 해야 합니다.

그리고 이해할 수 없고 느낄 수 없다면 아무것도 배우지 못한다는 사실도 깨달았습니다.

몬테소리 학교에서 엄청난 자유를 누리고 개방적인 마음가짐을 갖게 된 덕분에 예술계에 발을 들일 수 있었다고 생각합니다. 만약 일반 학교에 다녔다면 이런 부분을 발견하지 못했을 것입니다.

마지막으로 꼭 강조하고 싶은 것이 있습니다. 몬테소리 교육 덕분에 제가 자존감과 자신감을 키울 수 있었다는 사실입니다.

"모든 아이는 자신만의 속도로 발달합니다.
얼마나 빠른지 혹은 느린지는
별로 중요하지 않습니다."

3

만 3세부터 6세까지를 위한
몬테소리 교육의 원칙

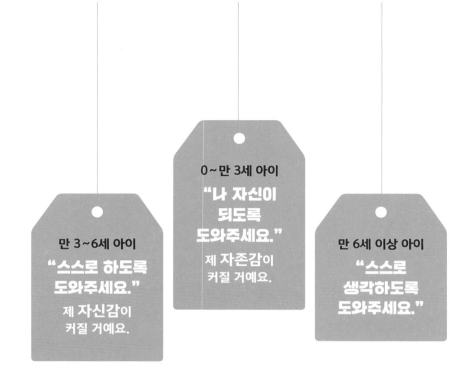

만 3~6세 아이
"스스로 하도록
도와주세요."
제 자신감이
커질 거예요.

0~만 3세 아이
"나 자신이
되도록
도와주세요."
제 자존감이
커질 거예요.

만 6세 이상 아이
"스스로
생각하도록
도와주세요."

마리아 몬테소리는 아이가 유아전기, 유아후기, 아동기에 각각 느끼는 발달 욕구를 충족하려면 양육자가 아이를 신뢰해야 한다고 주장했습니다. 이는 모든 아이를 자기 자신을 구축할 수 있는 존재라고 믿으며 아이를 돕는 것을 말합니다. 반면에 모든 불필요한 도움은 아이의 자연스럽고 조화로운 발달에 방해가 된다는 사실을 잊지 말아야 합니다.

자유

'자유'는 마리아 몬테소리의 교육 사상에서 핵심적인 개념입니다. 몬테소리는 아이는 자기만의 발달 계획을 세우고 태어난다고 믿었습니다. 그리고 이 계획은 아이가 본능에 따라 활동을 직접 선택하고 자유롭게 발달해야만 이룰 수 있다고 주장했지요.

자기에게 맞는 환경이 주어질 때 아이는 자유롭게 활동을 선택할 수 있습니다. 그러므로 부모와 교사가 세심하게 환경을 준비하는 것이 중요합니다.

몬테소리가 말하는 자유는 아무런 제약이 없는 완전한 자유를 의미하는 것이 아니라 모든 아이의 내면에서 점진적으로 구축되는 자유를 뜻합니다.

내면의 자유는 아이의 발달에 꼭 필요하며, 아이 개개인에게 맞는 유연하면서도 견고한 틀 속에서 발달합니다. 틀이 없는 자유를 주는 것은 자유를 주지 않는 것보다 나쁩니다. 자기가 원하는 대로 다 할 수 있는 아이는 자유로운 아이가 아닙니다. 결국 고독 속에 갇히게 되지요. 반면에 자유로운 아이는 제약을 따르며 자기가

> "(자유란) 아이를 자기가 하고 싶은 대로 하게 내버려두는 것이 아니라 아이가 자유롭게 활동할 수 있는 환경을 마련해 주는 것이다."
>
> 마리아 몬테소리,
> 『과학적 교육학』 서문

속한 환경 속에서 원하는 대로 행동합니다.

아이에게 자유를 준다는 것은 아이가 아무 행동이나 하도록 내버려두는 것이 아니라 자기가 하는 행동에 대한 책임을 질 수 있는 자율적인 사람으로 자랄 수 있도록 돕는 것을 뜻합니다. 규칙을 존중하는 것이 자유의 핵심입니다. 아이가 규칙을 잘 지키도록 하기 위해서는 규칙을 일관되고 명확하게 제시해야 합니다. 모든 사람은 다른 사람의 자유를 방해하지 않는 지점까지 자유를 누릴 수 있다는 사실을 아이에게 꾸준히 알려주어야 합니다.

아이를 자유로운 존재로 키운다는 것은 우리가 아이를 위해 아무것도 선택하지 않는다는 뜻은 아닙니다. 아이는 우리의 눈길과 관심, 자기를 위해 세워둔 계획이 있어야만 긍정적으로 자랄 수 있습니다. 교육의 목표는 아이가 자율적이고 독립적인 사람으로 자라게 하는 것입니다. 그런데 이를 위해서는 우선 주변에 의존하는 삶을 살아야 합니다.

사실 아이가 어른에게 의존하는 동안 어른과 아이 사이에 관계가 형성되고 아이가 믿고 의지할 수 있는 안전한 토대가 마련됩니다. 이때부터 아이는 자기가 이 사람을 믿을 수 있는지, 혹은 다른 사람을 믿을 수 있는지 판단할 수 있지요. 그리고 타인을 신뢰할 수 있고 삶을 신뢰할 수 있다는 사실을 알게 됩니다. 이러한 안정적인 관계는 아이에게 자율적으로 자라는 힘을 줍니다. 독립은 고독과 의존의 중간에 존재합니다. 그 사이에서 균형을 찾아야 하지요. 아이는 발달을 위한 활동을 자유롭게 선택하면서 고독과 의존 사이에서 균형을 잡는 법을 배웁니다.

　　이와 관련해 마리아 몬테소리는 자신의 교육법에서 아이의 활동의 자유로운 선택이 지니는 의미를 강조했습니다. 하나를 선택하고 다른 것을 포기하는 훈련을 통해 아이의 의지가 발달합니다. 이러한 훈련은 아이의 내적 훈련에 도움이 되며, 이는 내면의 자유를 구축하는 것으로 이어집니다.

> 활동을 선택할 자유 → 의지의 실행 → 자기 훈육 → 내면의 자유 → 행복

　　몬테소리 교육에서 규칙에 따른 한계가 수반되는 자유는 일반 학교에서 아이들이 누릴 수 있는 자유에 비해 어마어마하게 큽니다. 몬테소리 교실에서는 작업 분위기를 해치지 않는 한 이동, 언어를 통한 교류, 자발적인 활동이 자유롭게 이루어질 수 있습니다.

활동의 종류와 시간을 선택할 자유

보통 '몬테소리 교구'라고 부르는 발달 교육 도구는 교실 안 선반 위, 아이들의 손이 닿는 곳에 배치합니다. 교실에서 아이들은 각자 민감기와 내적 동기에 따라 원하는 활동을 선택합니다. 아이들이 같은 시기에 모두 같은 것을 원하지는 않습니다. 아이들에게 활동을 직접 선택하고 원하는 만큼 할 수 있게 해주면 '배우고 싶은 욕구'를 충족할

수 있습니다.

　친구들이 여러 가지 작업을 하는 모습을 지켜보며 선택을 망설이는 아이가 있는가 하면 자기가 원하는 것을 정확히 아는 아이도 있습니다. 후자는 아침에 교실에 들어오면 활동 영역으로 가서 어린이집이나 유치원에 오기 전에 미리 마음속으로 정해둔 활동이나 교구를 선택합니다. 아이마다 그날그날 시간대나 발달단계에 따라 선택하는 것이 다릅니다.

　아이들은 자기가 선택한 '작업'을 원하는 만큼 할 수 있습니다. 몬테소리 교실의 황금률은 교구를 항상 일정한 자리에 두며, 교구가 제자리에 없으면 그 교구를 이용한 활동을 할 수 없다는 것입니다. 어떤 교구가 책상 위에 놓여 있을 때도 마찬가지입니다. 어떤 아이가 해당 교구로 활동을 하다가 잠시 자리를 비운 것일 수도 있기 때문입니다.

　교구 선택에는 딱 한 가지 제약이 있습니다. 그 교구로 활동해도 되는지 교사와 '확인'하는 것입니다. 특별한 경우를 제외하고는 교사가 활동의 시범을 보여야 하기 때문입니다. 교사가 먼저 올바른 활동법을 보여주면, 아이는 올바른 방법을 지키는 선에서 자기 방식대로 자유롭게 탐색할 수 있습니다. 간혹 다른 아이가 시범을 보여줄 수도 있습니다.

의사소통의 자유

아이들은 교실에서 자유롭게 말할 수 있습니다. 하지만 다른 친구의 활동을 방해하지 않도록 작은 목소리로 말해야 합니다. 그리고 친구가 어떤 활동을 집중해서 하거나 교사가 다른 아이에게 시범을 보여줄 때 이를 중단하지 않아야 합니다. 교사에게 할 말이 있을 때는 어깨 위로 손을 살며시 듭니다. 그럼 교사는 아이의 요청에 응할 수 있을 때는 바로 손을 든 아이에게 향합니다. 아이들은 타인에 대한 존중과 예의를 표현하는 것에 매우 민감하게 반응합니다.

움직임의 자유

아이는 자신이 원하는 대로 움직일 수 있지만 그 움직임은 소란스럽지 않아야 합니다. 최대한 소리를 내지 않고 책상과 의자를 옮깁니다. 별도의 공간으로 구획을 지어둔 매트나 러그 위로는 걷지 않습니다. 문은 조용히 닫고 교구를 놓을 때는 소리가 나지 않게 조심히 다룹니다. 때로는 소리를 내지 않기 위해 발끝으로 걷기도 하지요.

아이는 이렇게 자유롭게 움직이면서 자기 자신을 구조화할 수 있습니다. 스스로 움직임을 통제하며, 이러한 경험을 통해 자기 자신을 다스리는 법을 배웁니다. 그리고 집중하면서 자신을 제어합니다. 아이는 행동하면서 자기 자신을 구축합니다. 마리아 몬테소리는 이러한 움직임을 '인지적 움직임'이라고 칭했습니다.

몬테소리 교실에서는 아이들에게 자유롭게 움직이도록 하는데, 신기하게도 파리가 날아다니는 소리가 들릴 만큼 조용합니다. 이것은 통제가 아이의 내면에서부터 시작되기 때문입니다. 일반 유치원이나 학교의 교실도 아주 조용할 때가 있지만, 이러한 고요함은 교사가 주도해서 유지하는 것입니다. 그리고 교실이 차분하다기보다는 아이들의 소란이 잠시 멈춘 것이라고 할 수 있지요.

자기 훈육

자기 훈육은 몬테소리 교육에서 기본 원칙 중 하나로 자유의 개념과 짝을 이룹니다. 진정한 자기 훈육은 내면에서부터 시작됩니다.

아이의 잘못이나 실수를 외부에서 통제하면 수동성과 의존성을 키울 수 있습니다. 오류를 다른 사람이 수정해주는 것도 좋지 않습니다. 아이가 수동적으로 자랄 수 있기 때문이지요.

일반 교실에서는 아이들이 자신이 저지른 오류를 수정받기 위해 줄을 서서 기다리는 모습도 볼 수 있습니다. 기다리는 동안 시간을 낭비하고 활동 주기가 흐트러지게 됩니다. 아이 스스로 자신의 오류를 수정함으로써 능동적인 자세를 유지하고 활발하게 작업할 수 있게 해야 합니다.

그리고 빨간 펜으로 지적하면 아이의 자존감에 상처를 줄 수 있습니다. 지적사항이 많을수록 더욱 그러하지요. 이와 마찬가지로 '옳고 그름'의 기준으로 아이를 평가하지 않아야 합니다. **교육은 아이가 스스로 훈련하고 자기 자신을 완성해가는 과정입니다.** 물론 다른 방식으로 아이의 오류를 강조할 수는 있습니다. 그럴 때는 말로 하거나 연필을 사용하는 편이 더 좋으며, 잘못한 부분에 밑줄이나 다른 방식으로 표시하지 않고 아이에게 선택권을 주는 것이 좋습니다. 틀린 부분에 반드시 밑줄이나 가운뎃줄을 그어 표시할 필요는 없습니다. 완벽하지 않은 것을 왜 굳이 강조해야 하나요?

아이의 오류는 성공으로 가기 위한 단계로 여겨야 합니다. 연습은 시도이자 훈련이지, 그 자체로 궁극적인 목적이 될 수 없습니다. 더 좋은 방식으로 오류를 수정한다면 오류는 아이가 개인 작업에 몰두하고 더 큰 노력을 하게 하는 좋은 동기부여가 됩니다. 안정감은 학습의 필수적인 조건입니다. 모욕감을 느끼거나 낙심하면 아이는 신뢰를 쌓고 자존감을 형성하는 데 어려움을 겪을 수도 있습니다.

중요한 것은 오류가 지닌 가치를 평가하는 것입니다. 모순된 표현 같아 보이지만, 실패를 성공을 위한 도약의 발판으로 여기는 것이 바로 성공의 비결입니다. 따라서 결과와 상관없이 아이의 작업을 높이 평가해야 합니다. 진정한 평가 대상은 아이의 내적 작업이지 실수가 아닙니다. 지능의 가장 큰 적이 스트레스와 스트레스로 인한 무력감이라는 사실을 꼭 기억해야 합니다.

아이가 학습 과정에서 스스로를 통제하는 편이 더 좋습니다. 아이 스스로 오류를 파악하게 두면, 아이는 자신의 오류를 이해하고, 이를 통해 긍정적으로 발전할 수 있습니다. 아이는 자신감을 얻으며 자율성을 키웁니다. 몬테소리 교구가 아이에게 스스로 오류를 통제하게 하는 것도 바로 이러한 이유 때문입니다. 외부의 평가는 불필요한 것이지요.

한편 활동을 제시할 때는 아이가 바로 완벽하게 해낼 것이라고 기대하지 않는 것이 좋습니다. 아이가 조작하고 수행하는 것이 중요하지요. 교사는 구체적인 성과나 완벽을 아이에게 요구하지 않아야 합니다. 그보다는 아이가 자기 속도로 성공을 향해 나아가며 시행착오를 하는 동안 인내심을 가지고 기다려주어야 합니다. 아이가 활동을 성공적으로 수행했을 때도 마찬가지로 칭찬을 많이 해주기보다는 아이가 자신의 성공에 기뻐하도록 유도하는 것이 좋습니다.

부모의 칭찬은 분명 큰 격려가 되겠지만, 장기적으로 볼 때 아이가 다른 사람의 칭찬에 의존하지 않도록 해야 합니다. 아이가 다른 사람에게 칭찬과 축하를 받기 위해 무리하게 노력할 수도 있고, 어쩌다 칭찬을 받지 못하면 그 상황을 자신을 나무라는 것으로 받아들일 수도 있기 때문입니다. 그리고 칭찬을 하더라도 "대단해! 정말 힘이 세구나!"라고 하기보다는 "정말 뿌듯하겠다. 잘 해내서 기분이 정말 좋겠네!"라고 말해주는 것이 더 좋습니다.

아이를 격려하고 스스로 동기부여가 되도록 북돋아주는 것이 바람직합니다. 자기 통제가 되는 아이는 규율이 자신은 물론 친구들에게도 좋다는 사실을 알기 때문에 규율을 지키고자 하는 동기가 절로 생겨납니다.

주변에서 행동하기

마리아 몬테소리는 아이의 발달을 위해 아이에게 직접 다가가기보다는 주변에서 행동할 것을 권장했습니다. 부모의 지시와 명령이 계속된다면 아이는 반감을 품을 수 있습니다. 그러다 마음을 닫을 수도 있지요. 우리가 아이에게 오랫동안 해온 것처럼 누군가 우리에게 명령조로 지시를 내린다고 생각해보세요. 왜 부모인 우리보다 아이가 일방적인 명령과 지시를 더 잘 견뎌낼 것이라고 생각하나요? 게다가 명령은 아이에게 열등감을 느끼게 해서 소심한 사람으로 자라게 할 위험이 있습니다.

부모는 아이의 행동에 생각보다 더 큰 영향을 미칩니다. 따라서 아이에게 직접 지시하기보다는 아이의 주변에서 행동으로 보여줌으로써 더 긍정적인 영향을 미치도록 해야 합니다.

예를 들면 아이가 더 작은 목소리로 말하기를 바란다면 아이에게 큰 목소리로 명령하는 대신 아이의 눈높이에서 작은 목소리로 말하는 것이 좋습니다. 그럼 아이도 목소리를 낮추고 차분하게 말할 것입니다. 아이가 모든 것을 흡수한다는 사실을 잊지 마세요.

　다른 예를 들어볼까요? 집에 들어올 때 신발을 벗어서 정리하는 습관을 들이려면, 아이가 신발장 문을 열고 자기 신발을 둘 자리를 찾도록 하기보다는 현관에 아이가 신발을 벗어 정리할 수 있는 작은 선반을 두는 편이 더 좋습니다. 아이 스스로 정리하도록 유도하는 것이지요.

　때때로 환경은 스스로 이야기합니다. 우리는 환경을 바꾸고, 그 환경이 아이에게 영향을 미치고, 나아가 아이가 환경에 더 효율적으로 자신의 영향력을 행사하도록 도울 수 있습니다. 아이를 더 존중하며 원하는 바를 전하는 것이지요. **메시지는 강요할 때보다 은근히 제시하거나 암시할 때 더 잘 전달됩니다.** 아이는 존중받는다고 느끼면 부모가 하는 지시를 부정하려고 하지 않습니다. 부모가 아이를 존중하면 아이는 스스로를 존중할 수 있습니다. 그리고 자기 중심을 지키며 집중할 수 있지요.

　교실의 무질서는 어쩌면 교사의 무관심 때문일 수도 있습니다. 그렇다면 이를 어떻게 해결해야 할까요? 아이들의 관심을 일깨울 수 있는 활동을 배치해야 합니다. 즉, 환경을 바꿔야 하지요. 아이들이 그 새로운 활동에 집중할 때 교실은 평온을 되찾게 될 것입니다.

> **흥미의 원천(흥밋거리)** → **흥미** → **관심** → **집중** → **내면 구축**

속도에 대한 존중

모든 아이는 자신만의 속도로 발달합니다. 얼마나 빠른지 혹은 느린지는 별로 중요하지 않습니다. 중요한 것은 아이가 무엇에 집중하느냐입니다. 아이의 속도를 평가하고 '느리다' 혹은 '빠르다'와 같이 판단하는 것은 바람직하지 않습니다. 아이에게 느리다는 말을 계속해서 한다면 아이는 분명 느린 사람으로 자랄 것입니다. 아이의 속도는 하루 동안은 물론 한 해 동안에도 달라집니다. 평생에 걸쳐 변하는 것이지요. 그리고 아이가 어떤 활동을 하느냐에 따라 달라지기도 합니다.

우리 사회가 빠름을 선호하는 것은 참으로 안타깝습니다. 빠름은 그 자체로 목적이 될 수 없습니다. 잠시 멈추는 것도 아이에게 필요합니다. 아이가 정체되어 있다고 부정적으로 평가할 필요가 없습니다. 아이는 어느 순간 갑자기 능력을 습득하기 때문이지요.

어떤 아이들은 완벽을 추구하느라 한 활동을 여러 차례 반복하기 때문에 느린 것처럼 보이기도 합니다. 하지만 이런 반복 활동을 통해 자신감을 얻습니다. 정말로 느린 아이도 있지요. 하지만 느린 아이는 더 깊이 있는 시간을 보냅니다. 그러므로 느림을 아이의 결점이라고 생각하지 않아야 합니다.

아이 개개인의 속도를 존중하면 빠른 아이는 지루함을 느끼지 않고 발전할 수 있고, 시간이 더 필요한 친구들을 기다릴 필요 없이 앞으로 나아갈 수 있습니다.

경험을 통한 학습

추상적인 개념은 가르침을 통해 학습되지 않습니다. 추상은 아이 개개인이 조작 활동을 통해 다양한 개념을 이해하고 자신의 인지를 형성하는 과정을 통해 학습됩니다. 추상으로 넘어가기 전에 만지고 느끼는 구체적인 경험을 통해 각각의 개념을 이해해야 합니다. 개념 체계를 구성하려면 우선 오랫동안 교구를 조작하는 시간이 필요합니다. 아이는 행동과 실험을 통해 배웁니다. '조작'은 손이 개입되는 행위이며, 다시 말해 촉각을 통해 이루어지는 행위입니다. 그러나 다른 감각을 사용해야 하는 활동도 있습니다.

아이는 교구를 조작하며 구체적인 유희 경험을 합니다. 이 경험은 구체적이고 매우 만족스러우며, 뇌에 지워지지 않는 각인을 남깁니다. 아이는 교구를 가지고 놀면서 쌓은 경험을 기억에 저장하고, 이렇게 쌓인 경험을 기준으로 삼아 나중에 맞닥뜨리게 될 추상적인 개념을 이해합니다.

예를 들면 십진법의 개념을 아이에게 알려준다고 합시다. 10은 막대로, 100은 막대로 이루어진 정사각형 면으로, 1000은 면을 위로 쌓아올려 정육면체로 보여줍니다. 아이는 막대와 면, 정육면체를 직접 만지며 십진법의 개념을 익힙니다. 이렇게 하면 100은 아이에게 추상적인 숫자가 아니라 10단위의 10개의 막대로 이루어진 정사각형이 됩니다. 아이는 정사각형이라는 개념을 이해할 수 있으며 각 단위를 셀 수 있습니다. 그리고 100이 무엇인지 '느낍니다'.

이렇게 사물을 조작함으로써 추상적인 개념을 감지할 수 있습니다. 아이는 교구의 무게를 느끼고, 비교하고, 눈과 손을 통해 이 수들의 내포관계와 비례관계를 이해할 수 있습니다. 교구를 통해 상징적으로 재현한 수의 개념을 통합적으로 이해하고 나면 1, 10, 100, 1000의 개념을 쉽게 흡수할 수 있습니다.

개념적인 사고의 특징은 가정과 추론 사이를 끝없이 오간다는 것입니다. 이를 '가설 연역법(이제까지의 지식이나 관찰을 모아 하나의 가설을 세우고, 이 가설로부터 필연적으로 연역되는 명제를 실험적으로 검토하는 방법—옮긴이)'이라고 합니다. 이러한 경험을 통해 아이는 인지를 스스로 형성합니다.

몬테소리 교실에서 제시하는 활동은 정해진 목표가 있으며, 아이가 그 목표를 자신의 것으로 만들어가도록 합니다. 예를 들면 일상생활 영역 중 복잡한 활동인 손빨래하기를 살펴봅시다.

교사는 우선 아이에게 활동을 제시하고 시범을 보이며 아이가 단기기억력을 이용하여 이 활동의 다양한 단계를 기억하도록 합니다. 이후 아이가 스스로 작업을 하도록 유도합니다. 아이는 스스로 목표를 세우고 그 목표를 달성하기 위해 교사의 시범을 보고 자신이 기억한 모든 것을 재연하고자 동작을 체계화합니다. 그리고 이를 위해 집중합니다.

아이는 활동하는 동안 여러 장애물을 만날 수 있습니다. 물통을 엎지르거나 비누가 손에서 미끄러지는 등 예상하지 못한 일들을 겪을 수 있지요. 이러한 상황을 마주할 때 아이는 스스로 난관에 적응하며 자신이 느끼는 감정을 극복해나갑니다. 아이는 적절하게 대응합니다. 다시 말해 아이가 실수하면 이에 맞는 새로운 전략을 찾는 모습을 관찰할 수 있습니다.

아이는 새로운 가설을 세웁니다. 그리고 매우 적극적으로 활동하므로 감정에 휘둘리지도 않으며, 집중력도 무너지지 않습니다. 자신의 기억력과 창의적인 적응력, 자기조절능력을 발휘합니다. 이러한 능력은 학습에 있어 매우 중요한 특성이지요. 즉, 아이는 배우는 방법을 터득하고 있는 것입니다.

마리아 몬테소리에 따르면 모든 경험은 지능 형성과 관련하여 심리적 현상을 일으킨다고 합니다. 그리고 이는 세 단계로 이루어집니다.

★ 1단계 간접적 준비: 아이는 무의식적인 각인을 쌓고, 다음 단계에 필요한 기술을 흡수하고 습득합니다.
★ 2단계 지식 형성: 아이가 활동을 반복하는 동안 잠재적으로

지식이 쌓입니다.

★ 3단계 인식: 어느 순간 아이는 의식적인 지식을 갖춥니다. 이 순간은 예측할 수 없으며, 아이마다 다릅니다. 아이만이 알아차릴 수 있는 '기적'이며 어느 한순간에 인식이 완성됩니다. 즉, 그동안 점진적으로 학습해온 내용을 갑자기 인식하게 되는 것이지요.

> "감각 기관은 지능 형성에 필요한 외부 세계의 이미지를 포착하는 기관이다. 예를 들면 손은 신체에 필요한 물질적인 것들을 포착하는 기관이다."
>
> 마리아 몬테소리, 『과학적 교육학』

개별적 활동

모든 아이는 개별적으로 작업하므로 각자의 학습 속도를 존중받을 수 있고 경험을 통해 학습할 수 있습니다. 매우 적극적인 자세로 학습하며 자기만의 방식으로 교구를 조작하고, 탐색하고, 발견하고, 고립된 개념을 이해합니다. 누군가 '가르쳐준' 개념을 필기하며 학습하는 것보다 직접 활동하고 작업할 때 추상적인 개념을 더 잘 이해할 수 있습니다. 그리고 모든 아이가 각자 자기만의 방식으로 작업을 할 때만 개념을 구체적으로 이해할 수 있습니다.

"모든 아이의 개체성
(individuality)은 현실과
맞닿아 있다. 아이의
개체성이 현실과 접촉할 때
아이의 이성적 사고와
본능이 활성화되며, 이는
아이가 지식을 넘어 발견의
단계로 가도록 이끈다.
이성적 사고를 하고 본능을
따르는 기쁨을 느끼는
아이는 스스로 작업한다.
방해나 비난에 대한 걱정
없이 열정적으로, 자유롭게
작업에 집중한다.
왜냐하면 아이는 자기가
하는 작업과 자기의 집중이
존중받을 것이라는 사실을
알고 있기 때문이다. 그래서
아이는 자신의 인격을
구축할 수 있게 된다."

마리아 몬테소리, 『교육의 단계』

일부 활동은 소모둠을 이루어 제시하기도 합니다. 여러 명이 함께 활동을 반복하며 제시된 개념을 경험하는 것이 더 나을 때도 있기 때문입니다. 덧셈, 뺄셈, 곱셈, 나눗셈의 개념을 소개할 때 이런 방식을 사용합니다.

아이들은 연산의 개념을 구체적인 경험을 통해 익힐 수 있습니다. 예를 들면 덧셈을 배울 때는 모든 아이가 각자 접시에 정해진 개수대로 구슬을 담아와서 한 곳에 모읍니다. 더하기, 즉 '합치는 것, 함께 두는 것'을 보고 만지는 방식으로 배우는 것이지요.

아이들은 이러한 경험을 통해 덧셈의 개념을 흡수합니다. 자신들이 직접 경험했기 때문에 개념을 더 잘 이해할 수 있습니다.

교육은 삶을 돕는 것

교육은 인간의 잠재력을 훈련하는 것입니다. 마리아 몬테소리는 아이에게는 어마어마한 잠재력이 있으며, 존중받을 때 잠재력이 발달한다고 생각했습니다. 우리가 아이를 존중하면, 아이도 타인을 존중하는 법을 배웁니다. 이러한 상호존중은 타인을 배려하고 자신의 행동에 책임을 지며 평화 속에서 살 수 있는 사회를 만드는 근간이 됩니다. 교육은 조화로운 사회적 삶을 준비하는 과정입니다. 교육의 목적은 아이가 내적 훈육 능력을 발달하도록 돕는 것입니다.

마리아 몬테소리는 '정상화'라는 개념에 관해 설명했습니다. 간혹 정상화의 개념을 오해하는 이들이 있습니다. 몬테소리가 말하는 정상화는 '정상적인' 아이를 만들기 위해 정해진 틀에 아이를 끼워 맞추는 것을 의미하지 않습니다. 개개인이 조화롭게 발달하는 과정을 뜻합니다. 몬테소리는 정상화를 성숙의 다른 표현이라고 말했습니다. 아이가 자유롭게 활동을 선택할 때 정상화 과정이 이루어집니다.

선택의 자유가 주어지면 아이는 타인을 만족시키기 위해 의무적으로 행동하는 대신, 자기 자신에게 좋은 것이 무엇인지 알려주고 흥미를 따라 움직이라고 말하는 내면의 작은 목소리를 듣고 적절하게 반응할 수 있습니다. 한 집단에 속한 모든 아이들이 전반적인 지적 만족 상태에 있을 때, 우리는 그 교실이 '정상화'된 교실이라고 말할 수 있습니다. 다시 말해 교실의 분위기가 평화적이고 작업을 하기에 좋다는 것이지요.

정상화된 교실의 아이들은 자기 훈육이 잘되며 행복감을 느끼기 때문에 사회적 특성이 매우 발달합니다. 공감 능력과 타인에 관한 호의도 이러한 선순환의 고리에 들어갑니다. 이 같은 긍정적인 선순환은 피로보다는 활력을 생성하고 긴장보다는 선한 의지를 형성하는 데 큰 도움이 됩니다.

자신의 욕구가 인정받을 때 아이의 마음속에는 다음과 같은 요소가 자랍니다.

★ 타인에 대한 사랑
★ 공감, 서로 돕기, 공동체 의식
★ 집중과 작업에 대한 사랑(집중과 작업은 유희의 반대 개념이 아님)
★ 현실 감각
★ 선택하고, 창조하고, 주도적으로 행동할 수 있는 능력
★ 자율성과 독립성
★ 평온함을 추구하는 본능
★ 배우는 기쁨

마리아 몬테소리는 기본적인 욕구가 존중받는 '정상화'된 유아의 특징을 위와 같이 나열했습니다.

"우리는 내적 훈육에 대해 알아야 한다. 내적 훈육은 아이의 내면에서 스스로 만들어져야 한다. 우리의 의무는 아이를 자기 훈육의 길로 이끄는 것이다. 아이가 자신의 마음을 사로잡는 대상에 관심을 집중할 때 자발적인 훈육이 이루어지며, 아이는 이 대상을 통해 유용한 훈련을 할 수 있을 뿐만 아니라 실수를 통제하는 법도 배운다. 이러한 훈련을 통해 아이의 인격이 결집하는 놀라운 결과가 나오며, 이를 통해 아이는 평온하고, 행복하고, 활동에 집중하고, 자신을 잊고, 물리적 보상에 무관심해진다. 즉, 아이는 자기 자신과 주변 환경을 정복하게 된다."[3]

이건 꼭 명심하세요!

★ 아이에게 활동을 선택할 자유를 주면 아이는 자기 의지를 실현할 수 있고 자기 훈육 능력을 향상할 수 있습니다. 아이가 스스로 자기 훈육을 할 수 있으면 내면의 자유가 꽃핍니다.

★ 의사소통의 자유와 움직임의 자유를 존중해주세요.

★ 아이에게 직접 영향력을 행사하는 대신 아이의 주변에서 행동하세요.

★ 흥미는 관심과 집중력으로 이어지며, 아이는 집중하며 자기의 내면을 구축합니다.

★ 아이 개개인의 속도를 존중해주세요.

★ 만 3~6세의 아이는 개별적인 경험을 통해 더 잘 배웁니다.

★ 교육은 삶을 돕는 행위입니다.

---

3 Maria Montessori, *L'esprit absorbant de l'enfant*, Desclée de Brouwer, 2003. (『흡수하는 정신』, 부글북스, 2018)

"아이를 대할 때는
최대한 예의를 갖추어야 하며,
자신이 가진 것 중
최선의 것을 주어야 한다."

마리아 몬테소리는 유치원을 학교보다는 '어린이의 집'이라고 불렀습니다. 모든 아이에게 맞고, 모든 아이가 자신의 삶에 적응할 수 있도록 돕는 친숙한 공간이라는 뜻이지요. 무엇보다 아이들의 조화로운 성장을 위해 필요한 조건들을 한데 모은 삶의 터전입니다. 아이가 자기 자신이 될 수 있도록 돕는 학교인 것이지요.

아이들은 같은 발달단계를 지나는 친구들과 한 교실에서 3년간 함께 지내게 됩니다.

- ★ 만 3세 미만: 생후 18개월까지는 니도(nido, 이탈리아어로 둥지, 보금자리를 뜻함), 만 18개월부터 만 3세까지는 영유아공동체
- ★ 만 3세부터 6세까지: 유치원
- ★ 만 6세부터 9세까지: 초등학교
- ★ 만 9세부터 12세까지: 초등학교

모든 아이들은 한 교실에서 3년 정도 지냅니다. 따라서 새 학기가 시작하는 날 새로 온 아이들은 이론적으로 전체 인원의 3분의 1 정도밖에 되지 않습니다. 교실이 아예 바뀌지 않는 것은 아닙니다. 때에 따라 아이들은 다른 교실을 둘러볼 수 있습니다. 몬테소리는 아이들이 다른 교실을 돌아다니는 것을 '지능적 산책'이라고 말했습니다. 그리고 아이의 학습 속도를 유지하기 위해 학년 중에도 교실을 바꿀 수 있습니다. 학급을 바꾼다는 것이 월반을 뜻하는 것은 아닙니다. 몬테소리 학교에서는 조기학습이나 학습지연 등의 개념이 존재

하지 않습니다. 한 반에서 지내는 3년 동안 아이들은 자기 속도에 맞게 성장합니다. 앞서간다거나 뒤처진다는 생각을 하지 않고 편한 마음으로 발달합니다.

혼합 연령으로 구성된 몬테소리 교실은 '큰' 아이들에게는 자신의 지식을 탄탄하게 다질 기회가 되고, '어린' 아이들에게는 형, 누나 혹은 언니, 오빠들이 하는 활동에 자극을 받는다는 장점이 있습니다. 또한 사회성과 참을성을 기르고 서로를 존중하고 교류하는 법을 더잘 배울 수 있게 해줍니다. 아이들은 이곳에서 진정한 사회적인 삶을 경험하고 미래의 삶에 대비합니다. 아이들은 공유와 협동의 공동체에 이미 참여하고 있는 것입니다.

몬테소리 교실에는 교과별 학습시간과 쉬는 시간이 나뉘어 있는 시간표라고 하는 것이 없습니다. 아이들은 각자 자신이 선택한 교구로 작업을 합니다. 예컨대 과학 실험을 하는 6세 아이, 그 옆에 앉아 감각 영역 활동을 하는 4세 아이, 맞은편에서 손끝으로 삐뚤빼뚤 글씨 쓰는 연습을 하는 또 다른 아이를 같은 교실 안에서 볼 수 있지요.

학기 중에 새로 온 아이도 몬테소리 교실에서는 자기 속도에 맞게 천천히 적응할 수 있습니다. 때때로 학부모 참관수업을 진행해 교실에서 아이들이 지내는 모습을 부모가 관찰할 수도 있습니다. 교사와의 개별 면담, 학부모 간담회, 세미나, 열린 교실 등의 행사를 주기적으로 개최합니다. 교사와 학부모의 관계는 몬테소리 교실에서 핵심적인 역할을 합니다. 오늘날의 몬테소리 학교는 이중언어 환경으로 운영되는 곳도 많습니다. 이중언어 교실은 몬테소리 교육의 원칙은 아니지만, 제2언어를 어려움 없이 배울 수 있는 흡수하는 정신을 적절하게 활용한 좋은 예라고 할 수 있습니다.

준비된 환경

준비된 환경은 물질적·정신적·문화적·사회적·영적 조건이 한데 어우러진 환경을 의미합니다. 준비된 환경 속에서 아이는 발달합니다. 준비된 환경은 아이의 성장에 핵심적인 요소입니다.

몬테소리 학교는 아이에게 적절한 자극을 주고 아이에게 맞는 환경을 마련하기 위해 아주 세심하게 신경 써서 준비된 환경을 조성합니다.

아이에게 자극을 주는 정돈된 환경

아이들에게 즐거움과 생명력이 넘치며, 쾌적하고 평온한 교실을 만들어주기 위해 노력합니다. 교실 분위기는 활동적인 동시에 고요합니다. 넓은 공간에 선반이 있고, 선반에는 정해진 순서에 따라 교구가 정돈되어 있습니다.

교실 환경은 아이들에게 안정감을 주기 위해 잘 정돈되어야 합

니다. 교구는 조작 방법이 단순한 것부터 복잡한 순서대로 놓습니다. 아이가 정해진 장소에서 물건을 찾을 수 있도록 하고, 자신이 지금 무엇을 배우고 있는지 이해할 수 있도록 합니다. 질서 있는 교실 환경에서는 아이들이 제시된 활동 중 자신이 하고 싶은 활동을 스스로 선택하고 찾아서 할 수 있습니다. 활동의 종류에 따라 영역을 구분하고, 선반과 교구를 영역별로 배치합니다(수학 영역, 언어 영역, 일상 생활 영역, 감각 영역 등).

심미성은 몬테소리 교실에서 핵심적인 요소입니다. 화려하거나 눈에 띄는 장식 없이도 간단하게 교실을 꾸밀 수 있습니다. 교실 환경은 아이들에게 작업하고 싶은 욕구를 불러일으켜야 합니다. 교구를 놓는 선반은 아이의 시선을 끌어야 하며, 교구는 조작하고 싶은 마음이 들도록 잘 관리하고 주기적으로 파손된 곳이 없는지 살펴보

고 필요한 경우 보수합니다. 모든 영역을 세심하게 살펴야 합니다.

이상적인 교실은 밝고 생명력이 넘치는 곳입니다. 가능하면 식물을 배치하고, 예술작품과 책을 두도록 합니다. 교실은 안정적이지만 동시에 활동하고 싶은 마음이 들게 관심을 자극할 수 있도록 계속 변화하는 역동적인 세계입니다. 새로운 그림, 새로운 일상생활 활동, 나뭇잎 더미나 꽃다발, 과일이나 채소 바구니 등 여러 가지 교구와 활동을 바꾸어 배치하여 교실에 변화를 주어야 합니다.

아이에게 맞는 환경

아이의 신체와 발달단계에 맞게 환경을 마련해주면 아이는 자신감을 키우며 성장할 수 있습니다.

★ **신체에 맞는 환경**: 교실 안의 가구와 선반은 아이들이 교구를 꺼내고 정리할 수 있게 아이들의 신체에 맞추어야 합니다. 책상은 한쪽에는 아이들이 모여 앉을 수 있게 배치하고, 다른 한쪽에는 혼자 앉을 수 있게 떨어뜨려 놓습니다. 이때 아이들이 앉을 자리를 선택하고 편하게 앉을 수 있도록 책상의 크기를 다양하게 하는 것이 좋습니다. 또한 바닥에 앉아서 하는 것이 더 적합한 활동을 위해서 매트나 러그를 깔아둡니다. 이렇게 하여 아이들이 책상이나 바닥 등 자신이 원하는 곳에서 마음껏 작업을 할 수 있게 합니다.

★ **욕구에 맞는 환경**: 교실은 아이들의 다음과 같은 다양한 욕구를 충족해주어야 합니다. 움직이고 싶은 욕구, 앉아 있고 싶은 욕구, 말하고 싶은 욕구, 조용히 있고 싶은 욕구, 활동하고 싶은 욕구, 집중하고 싶은 욕구, 자유롭고 싶은 욕구, 자율적으로 활동하고 싶은 욕구, 안정감을 느끼고 싶은 욕구, 존중받고 싶은 욕구, 누군가 자신의 말을 들어주고 자신을 조건 없이 사랑해주기를 바라는 욕구 등.

★ **민감기에 맞는 환경**: 움직임, 언어, 사회적 관계, 감각 훈련, 질서 등 아이들의 각기 다른 민감기를 고려하여 적절한 환경을 조성해주어야 합니다.

몬테소리 교구

교구는 아이 스스로 학습하는 데 도움을 줄 수 있어야 합니다. 쟁반에 다양한 활동 교구를 담아 아이의 손이 닿는 곳에 배치합니다.

마리아 몬테소리가 교구를 만든 것은 아이들에게 지식을 가르치기 위해서가 아니라 아이들의 탐구 정신을 발달시키는 데 도움을 주기 위해서였습니다. 그래서 모든 아이들이 스스로 탐색하고 발견할 수 있도록 했습니다. 몬테소리는 모든 활동을 목표로 삼기보다는 아이들의 발달을 돕는 수단으로 여겼습니다. 따라서 활동의 목표는 성공이 아니라 교구의 조작을 통해 내면을 구축하는 데 있습니다.

교구는 아이들을 가르치는 일반 교사의 역할을 대신합니다. 아이들을 가르치거나 아이들에게 보여주어야 하는 것을 알려주기 위한 도구가 아닙니다. 무엇인가를 설명하기 위한 것도 아니지요. 몬테소리 교구는 아이들이 직접 조작할 수 있도록 고안되었습니다. 교구는 아이들의 활동을 도우며, 아이들은 교구를 통해 탐색과 발견을 합니다.

이렇듯 교구의 목적은 지식을 전달하는 것이 아니라 아이의 내면 구축을 돕는 것입니다. 교구는 인지 형성 과정의 출발점에 불과합니다. 왜냐하면 아이는 구체적인 교구에서부터 점차 멀어져서 추상적인 세계로 사고를 확장해나가기 때문입니다. 다시 말해 아이가 하는 경험과 조작하는 교구는 아이의 인지에 흔적을 남깁니다. 다른 교구를 조작하고 다른 활동을 하면서 그 기억에서 점점 멀어지더라도 자신의 지식을 다지기 위해 머릿속에서 그 경험을 다시 꺼내봅니다. 교구는 더 높이 날아오르기 위해 되돌아오는 출발점인 활주로와도 같습니다.

교구는 무의식적인 사고에서 의식적인 사고로 전환하는 과정을 돕습니다.

> **구체적인 경험 → 추상 → 개념의 심화**

교사는 교실에서 처음 교구를 제시할 때 완벽하게 시범을 보여주어야 합니다. 단 한 번의 시범으로도 아이의 감각을 일깨울 수 있습니다. 이때 아이가 교사의 시범을 앞질러서 추상화하는 단계로 넘어갈 수도 있으므로 시범에 너무 많은 시간을 할애하지 않도록 합니다. 교구가 제 역할을 하기 위해서는 다음과 같은 특징을 지녀야 합니다.

몬테소리 교구의 특징

계속 발전하는 과학적 교구

몬테소리 교구는 프랑스의 의학박사인 에두아르 세갱(29쪽 참고)의 자료를 바탕으로 하여 마리아 몬테소리가 오랫동안 아이들을 돌보며 해

온 관찰과 실험의 결과입니다. 몬테소리는 아이들을 위해 다양한 훈련 활동도 고안했습니다. 몬테소리 교실에서 사용되는 교구와 활동은 몬테소리가 과학자로서 아이들을 관찰하고 시행착오를 거치며 점점 발전시킨 노력의 산물인 것이지요. 몬테소리의 뒤를 이어 많은 몬테소리 교사들과 학자들이 다양한 교구를 만들고 있습니다.

한 번에 하나의 개념을 제시

모든 활동은 아이의 이해를 돕기 위해 하나의 난이도로만 구성되며 하나의 자극만 줍니다. 시중에 판매되는 아이의 첫 장난감이나 책은 여러 형태나 크기, 또는 색깔을 한꺼번에 보여주는 것들이 많습니다.

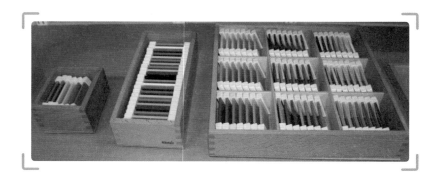

그러나 몬테소리 교구는 한 번에 여러 개념을 제시하지 않습니다.

마리아 몬테소리는 형태, 크기, 입체도형, 색깔 등을 배울 수 있는 교구들을 고안했습니다. 정육면체로 분홍색 탑을 만드는 교구를 예로 들어보겠습니다. 탑을 이루는 정육면체는 모두 같은 색이며 정육면체의 크기만 서로 다르게 구성됩니다. 이 교구를 통해 아이는 '크다'와 '작다'의 개념과 비례를 체험하고 배울 수 있습니다.

감각 자극을 주는 교구

아이들은 감각을 발달시키는 교구를 조작하며 감각을 훈련하고 발달시킬 뿐만 아니라 개념을 느낌으로 이해합니다. 다시 말해 개념을 추상화하기에 앞서 구체적이고 경험적인 접근 방식으로 개념을 받아들이는 것이지요.

몬테소리는 아이가 개념을 만지고 느끼며 이해할 수 있도록 교구를 고안했습니다. 예를 들면 아이가 10, 100, 1000, 1만, 10만, 100만 등 십진법의 개념을 만지면서 이해할 수 있도록 했습니다. 아이가 수의 개념을 조작하고, 손으로 들어보고, 이동시키고, 무게를 느끼고, 비교하는 동안 십진법의 개념이 아이의 머릿속에 각인됩니다. 그

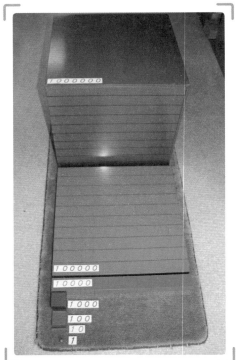
십진법 체계를 100만 단위까지
단계별로 보여주는 수학 영역 교구

래서 더 쉽게 이해할 수 있지요. 그리고 십진법 수의 비례관계와 큰 수와 작은 수의 포함관계도 더 쉽게 이해할 수 있습니다.

아이의 신체에 맞는 교구

아이의 신체 발달을 고려한 교구는 아이가 쉽게 조작하고 이용할 수 있으므로 자신감을 키워줍니다. 만 3세 아이가 컵에 물을 따르는 법을 배울 때 너무 크고 무거운 주전자를 사용한다면 과연 활동을 제대로 할 수 있을까요? 아이 몸에 맞는 크기의 교구를 이용하면 소근육 운동을 개선할 수 있고 운동 능력, 감각, 움직임의 협응력을 쉽게 향상할 수 있습니다.

아이의 마음을 사로잡는 미적인 교구

교구는 단박에 아이의 눈길을 사로잡을 수 있어야 합니다. 또한 아이가 자발적으로 활동할 수 있도록 충분한 자극을 주어야 합니다. 활동별로 교구를 준비하며, 각 교구는 색상이 같거나 비슷한 것으로 구성하여 하나의 쟁반에 정리합니다. 이렇게 배열하면 보기에 좋을뿐더러 아이들이 교구를 정리하고 구분하는 데도 도움이 됩니다.

쓰기 활동을 위한 도형과 그리기 교구

오류 정정 기능을 갖춘 교구

몬테소리 교구를 사용하면 아이는 자신의 활동을 평가하고, 오류가 있을 때는 스스로 고칠 수 있습니다. 교구 자체의 오류 정정 기능은 몬테소리 교구의 핵심적인 특징이지요. 아이가 교구를 이용한 활동을 성공적으로 해냈는지 판단하는 데 외부의 시선이 필요하지 않습니다. 만약 활동이 성공적이지 않았다면 아이는 교구를 통해 구체적으로 그 사실을 이해하고 오류를 수정할 수 있습니다. 아이는 오류를 자발적으로 수정하며 활동을 다시 해봅니다. 사실 교구 조작의 목표는 활동의 결과가 아닙니다. 아이는 '옳고 그름'을 따지기 위해서가 아니라 스스로 발전하기 위해서 훈련합니다.

★ 처음에는 오류 통제 과정이 기계적으로 이루어집니다. 예를

들면 아이가 상자를 닫는 활동을 잘 수행하지 못하면 뚜껑이
잘 닫히지 않습니다.

★ 이후 오류를 통제하기 위해 주의 깊게 생각해야 합니다. 아이
는 자기가 한 작업을 평가하기 위해 판단하고 비교합니다. 이
러한 사고의 흐름은 활동에 포함된 하나의 단계이기도 합니
다. 예를 들면 아이가 수학 영역 활동을 마친 뒤 정답판을 보
며 자신의 작업과 답을 비교할 수 있습니다.

★ 오류 통제는 시각적으로도 이루어집니다. 일상생활 영역 활
동 중 도자기 물병이 깨지면 아이는 누가 말하지 않아도 물병
이 깨졌다는 사실을 알아차립니다. 무엇인가 깨지거나 부서
지면 아이가 겁을 먹을 수도 있습니다. 그러므로 너무 과장
해서 감정을 표현하거나 아이에게 죄책감을 주지 않는 것이
좋습니다. 아이는 한번 물건을 깨뜨리면 더는 깨뜨리지 않는
법을 배우게 됩니다. 깨지거나 부서지지 않는 물건을 아이에
게 제시하는 것은 정답이 아닙니다. 이런 물건은 아이에게 조
심해야 한다는 사실을 가르쳐주지 않습니다. 아이는 스스로
치우면서 실수를 하면 어떤 결과가 발생하는지를 배웁니다.
그리고 앞으로는 조심해야겠다고 결심하게 되지요. 큰 소리
로 아이를 꾸짖거나 모욕을 주는 것은 아무 소용이 없습니다.

몬테소리 학교 졸업생의 이야기

● 현재 이과 그랑제콜 준비생

저는 몬테소리 학교에서 학창시절을 보냈습니다. 덕분에 잊을 수 없는 추억을 많이 만들었지요. 몬테소리 학교는 특별한 교육법을 바탕으로 학생 개개인의 속도를 인정하고 모두가 활동 집단에 잘 적응할 수 있게 해주었습니다.

학과 교육적인 측면에서 볼 때, 특히 과학 수업에서 일반 학교보다 더 높은 수준의 내용을 배울 수 있었습니다. 저는 과학적 정신을 이해할 수 있었고, '수학을 느꼈다'라고 감히 말하고 싶습니다.

사회적인 측면에서도 몬테소리 프로그램은 저에게 많은 것을 가르쳐주었습니다. 저는 일반 학교의 경쟁 체제와는 다르게 서로 돕고 존중하는 사회 속에서 살아가는 법을 배웠습니다. 진정한 의미로 작은 공동체 안에서 살아가는 법을 배웠고, 그 경험을 통해 상상력, 공동체 정신, 적응력 등 우리 사회에서 가장 중요한 능력을 키울 수 있었지요. 몬테소리 학교를 졸업하고 일반 교육 시스템에서 학업을 이어나가는 동안에는 이러한 부분을 예전만큼 누릴 수 없다는 사실을 깨달았습니다.

저는 몬테소리 학교에서 온전한 자유를 느끼면서 배웠던 아름다운 추억을 아직도 마음속에 간직하고 있습니다. 그중 제 인생에 큰 영향을 미친 가르침은 배움이 힘들거나 고된 일이 아니라 기쁨이자 기회라는 사실입니다.

몬테소리 교구 분류

몬테소리 유치원에서는 활동별로 영역을 나누어 교구를 배치합니다.

- ★ 일상생활 영역
- ★ 감각 영역
- ★ 수학 영역
- ★ 언어 영역
- ★ 과학 영역
- ★ 역사와 지리 영역
- ★ 음악 영역
- ★ 미술 영역

각 영역별 교구는 가장 단순한 것부터 복잡한 순서대로 선반에 배치합니다. 교구는 아이들이 쉽게 들고 이동하거나 정리할 수 있도록 쟁반이나 상자, 바구니에 담아놓습니다.

교구는 정해진 단계에 따라 교사가 시범을 보입니다. 우선 시작, 중간, 끝을 명확히 합니다. 교구를 제시할 때는 선반에서부터 활동을 시작하고, 다시 선반 위 제자리에 교구를 놓으며 시범을 마칩니다. 다시 말해 교사가 처음으로 시범을 보일 때는 시범을 시작할 때부터 마칠 때까지 빠뜨리는 것 없이 시범을 보여서 유아가 활동 단계를 충분히 이해하고 활동 후 교구를 어디에 다시 두어야 하는지 기억할 수 있게 해야 합니다.

일상생활 영역 교구

일상생활 활동은 아이의 일상과 연계됩니다. 몬테소리는 우연한 기회에 일상생활 훈련이 얼마나 중요한지를 깨달았습니다. 그녀는 이탈리아 산 로렌초에 자신이 세운 최초의 어린이집에 아이들이 손을 편하게 씻을 수 있도록 작은 세숫대야를 여러 개 놓아두었습니다. 그러자 손이 깨끗한 아이들도 세숫대야에서 계속해 손을 씻었습니다. 아이들은 손을 씻는 활동의 결과보다 활동 자체에 더 집중했던 것이지요.

이러한 모습을 본 몬테소리는 아이들이 어른을 모방하며 일련의 일상생활 활동을 훈련할 수 있도록 환경을 만들었습니다. '하는 척'이 아니라 '다른 사람처럼' 할 수 있도록, 다시 말해 아이들이 어른의 겉모습만 흉내 내는 것이 아니라 실제로 그 활동을 할 수 있도록 했습니다. 바로 이런 점이 일상생활 활동에서 아이들의 관심을 끌기 때문입니다.

어린아이들은 장난감이나 상상의 상황보다는 실제 현실에 거부할 수 없을 정도로 매료됩니다. 이러한 점을 고려해 일상생활 활동은 몬테소리 교실에서 가장 먼저 제시하는 활동입니다. 일상생활 영역 활동이 아이들의 관심과 흥미를 끌며, 그 결과 아이의 집중력을 키워 줍니다.

　아이는 일상생활 훈련을 하며 주변 환경에 대한 소속감을 형성합니다. 실제 물건을 사용하여 상황 놀이를 합니다. 아이가 자라는 시대와 장소에 맞는 일상생활의 사물들을 활용합니다. 따라서 일상생활 활동을 위한 교구는 나라마다 다릅니다. 프랑스에서는 은이나 구리로 된 물건을 닦는 활동을 한다면 중국에서는 도자기로 된 물건을 활용합니다. 프랑스에서는 접시와 스푼, 나이프, 포크 등 식기를 제자리에 놓는 훈련을 하지만, 중국에서는 젓가락질을 연습합니다.

　몬테소리 교실에서 하는 일상생활 훈련을 통해 아이는 일상에서 하는 활동을 연습할 수 있습니다. 한 번에 한 가지 활동만 연습합니다. 그리고 난이도에 따라 활동을 분리하기 때문에 더 수월하게 일상생활 활동을 수행할 수 있습니다. 아이는 일상생활 활동을 하기 전에 사회적 활동을 맥락과 무관하게 훈련하면서 자신감과 자존감을 키울 수 있습니다. 이렇듯 아이들은 시행착오를 겪으면서 스스로 연습하고 훈련합니다.

　질서 있는 일상생활 영역 활동을 통해 아이들은 대근육 운동(걷기 능력, 신체 제어력, 균형감각 등이 필요한 대근육 협응)과 소근육 운동(눈과 손의 협응)의 정확성을 높이며 움직임의 협응을 끌어올립니다. 또한 수행 기능을 발달시킵니다. 움직임을 통제하면서 자기 자신을 통제하는 법을 배웁니다. 그리고 동작을 조직화하는 것처럼 사고를 조직화하는 법도 배우지요.

　처음에는 바구니(쟁반, 사물, 의자) 들기, 접기, 자르기와 같이 간단한 활동부터 시작합니다. 이때 쟁반에 교구를 사용 순서에 따라 놓아두면 아이는 활동 순서를 파악하고 생각을 정리하며 훨씬 쉽게 작업을 할 수 있습니다. 그런 다음 여러 동작으로 구성된 좀 더 복잡한 활동(실 꿰기, 책상 닦기, 빨래하기, 거울 닦기, 식물 돌보기 등)으로 넘어갑니다. 아이는 이런 복잡한 작업을 수행하면서 계획을 세우는 능력과 집중력을 체계적으로 키웁니다.

　유아기에는 일상생활 영역 훈련을 통해 자아를 구축한다면 만 5~6세에는 봉사정신을 가지고 다른 사람을 위해 일상영역 활동을 수행합니다. 예를 들면 자기 책상만 닦지 않고 다른 아이들의 책상을 닦기도 하는 것이지요. 이렇게 하면서 자기중심적 사고에서 벗어납니다. 일상생활 영역의 활동은 사회적 관계에 대한 민감기와 관련이 있습니다. 그래서 민감기에 일상생활 영역을 충분히 하는 아이는 만족감을 느낍니다.

감각 영역 교구

감각 영역 교구는 감각 능력을 정교하게 발달시키는 데 도움이 됩니다. 나이가 들수록 감각을 민감하게 발달시키기가 어렵습니다. 아이는 짝 맞추기나 단계화하기(순서대로 맞추기) 등의 활동을 통해 처음에는 알아차리기 힘든 미묘한 뉘앙스에 대한 감각을 훈련합니다. 감각 훈련을 통해 현실을 좀 더 정확하게 배울 수 있습니다. 아이는 주변 환경을 관찰하는 관찰자이자 탐색하는 탐험가가 됩니다.

아이가 자신이 자라고 있는 환경을 정확히 평가할수록 자기 위치를 잘 파악하고 더 쉽게 적응할 수 있습니다. 그리고 주변 환경을 신뢰할 수 있게 되지요. 아이는 감각 영역 교구를 조작하면서 자신의 감각을 관리하고 지각을 체계화합니다. 그래서 간혹 감각 자극이 과도할 때 생기는 문제를 피할 수 있습니다.

또한 교구를 조작하며 감각 경험을 추상화합니다. 다시 말해 구체적인 경험에서 추상적인 개념을 이해하는 단계로 넘어갑니다. 감

각 영역 활동을 하는 동안 아이는 관찰하고, 비교하고, 조직화하고, 판단하고, 추론합니다. 감각 활동은 손만큼이나 머리도 써야 합니다. 아이는 가설을 세우고 추론을 하며 논리적인 사고를 키웁니다. 아이는 감각 영역 교구를 조작하며 자기가 느끼는 것을 말로 표현하는 법을 배우기 때문에 감각 활동은 인지 발달에도 도움이 됩니다. 개념화 과정은 3단계 학습을 통해 이루어집니다(147쪽 참고). 감각 영역 교구는 더 높은 수준의 사고와 추상이 개입되는 수학 영역 활동과 언어 영역 활동을 준비하기 위한 발판입니다.

수학 영역 교구

몬테소리는 감각적인 수학 교구를 개발했습니다. 이 교구를 이용하면 복잡한 현실을 구성하는 단순한 요소들을 하나씩 분리하여 분석할 수 있습니다. 수학 영역 교구를 조작하며 몬테소리가 말한 '수학적 정신'을 개발할 수 있습니다. 수학적 정신이란 분석하고 통합하며

십진법 체계를 보여주는 구슬 교구

추상화할 수 있는 정신을 말합니다.

　수학 영역 교구를 조작하면서 순서 관계를 파악하는 능력, 다시 말해 구별하고, 명확하게 하고, 비교하고, 조직화하고, 일반화할 수 있는 능력을 키웁니다. 수학 영역 활동을 통해 수를 세는 법을 배울 수 있는데, 특히 사칙연산과 같은 수학적 대원칙을 직접 경험하며 배울 수 있습니다.

　아이의 수학적 정신 발달과 개념 이해를 돕기 위해서는 개념을 직접 '경험할' 기회를 주어야 합니다. 유희 활동, 특히 다른 친구들과 함께하는 활동에 수학적 개념을 연계합니다. 예를 들면 나눗셈을 배울 때는 네 명의 아이들이 역할극을 합니다.

　먼저 역할과 상황을 설명하고 교구를 제시합니다. 아이들은 형제자매 사이이고, 멀리 사시는 이모가 보내준 용돈을 은행에 가서 공평하게 나누는 상황이라고 설명하는 것이지요. 그런 다음 아이들에게 직접 용돈의 금액을 정하게 합니다. 그리고 큰 쟁반에 그 금액만큼의 구슬을 놓게 합니다.

　만약 아이들이 3,468원으로 금액을 정하면 천에 해당하는 정육면체 3개, 백에 해당하는 정사각형 4개, 십에 해당하는 막대 6개, 그리고 8개의 구슬을 쟁반에 담습니다. 그리고 형제자매끼리는 무엇이든 똑같이 나누어야 한다는 사실을 아이들이 이해할 수 있도록 충분히 설명합니다.

은행(쟁반)을 오가며 3개의 정육면체(천)를 구성하는 구슬을 네 명이 주고받으며 나누어 갖게 합니다. 다른 단위로도 나누기를 하여 네 아이가 똑같이 나누어 갖도록 합니다. 아이들이 각각 867개의 구슬을 나눠 갖고 모두 만족하면 방금 한 활동에 관해 이야기를 나눕니다. 네 명이 똑같이 나누어 갖는 나누기를 한 것이라고 설명하는 것이지요. 그러면 아이들은 나누기를 매우 단순하면서도 구체적인 활동으로 받아들이게 됩니다. 나중에는 떨어지지 않는 수로 같은 활동을 반복하며 나머지의 개념을 배웁니다.

이렇게 흥미로운 활동을 통해 아이들은 수학적 개념을 흡수하고, 같은 방식으로 기하, 함수, 분수 등의 개념을 배웁니다.

언어 영역 교구

언어 영역 교구는 아이들에게 말하는 법을 가르치는 것을 최우선 목표로 합니다. 이때 교사는 지나치게 '아기 같은 말투'를 사용하지 않도록 하고, 눈높이에서 아이를 바라보고 자연스럽게 대화합니다. 아이가 말할 때 실수를 하더라도 놀리거나 지적하지 않고, 아이가 알아차리지 못하도록 조심스럽게 정확한 표현으로 고쳐 다시 말해줍니다. 언어 영역 활동의 목표는 아이가 소통하고자 하는 욕구를 인정하며, 아이가 소리를 지르거나 때리거나 우는 대신 자기 의사를 표현할 수 있도록 돕는 것입니다. 아이가 말로 자신의 생각을 표현할 수 있도록 말이지요.

언어에 대한 민감기는 아이가 태어나기도 전부터 시작되며, 만 2세 무렵에 언어 폭발기를 거칩니다.

언어 영역 활동으로는 책 읽기, 시간 흐름에 따라 사건 배열하기, 사진이나 그림 묘사하기, 벽보를 보고 자기 의견 말하기 등이 있습니다. 예를 들면 'I spy'라는 놀이(우리나라에서 〈리 자로 끝나는 말은〉 노래를 부르며 하는 놀이와 비슷함-옮긴이)가 있습니다. 이 놀이는 특정한 소리(음운)로 시작하거나 끝나는 단어, 혹은 특정 글자가 들어가는 단어를 말하고 사물을 찾는 활동입니다.

아이가 말소리 놀이를 잘하면 글자 제시 단계로 넘어갑니다. 글자를 제시할 때는 모래 글자 교구를 사용합니다. 모래 글자는 매끈한 표면에 사포처럼 까칠까칠한 소재로 만든 글자를 올린 교구입니다. 아이는 모래 글자 교구를 이용해 손끝으로 까끌까끌한 감촉을 느끼며 글자의 모양을 익힙니다. 교구를 조작하면서 실제 읽기에 방해될 수 있는 글자의 이름(예를 들면 '기역', '니은' 같은 경우-옮긴이)과 별개로 소리(발음)와 형태를 동시에 배웁니다.

아이가 읽을 수 있으면 글자를 하나씩 소리 내서 읽고, 좀 더 지나면 글자들을 이어서 연음으로 발음하며 읽을 수 있습니다. 아이는 큰 목소리로 글자를 읽고 단어의 발음을 듣습니다. 이는 '결합'이라고 부르는 과정입니다. 이때 아이가 글자와 소리가 아니라 글자와 글자의 명칭에 연관을 짓는다면 소리 내서 읽는 데 어려움을 겪을 것입니다. 영어 단어 'moto'를 예로 들어보겠습니다. 아이가 'moto'라는 단어를 '엠, 오, 티, 오'라고 소리 내서 읽는다면 '모토/moto/'라고는 읽

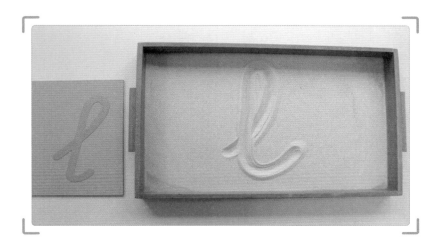

지 못할 수도 있습니다. '/모토/'가 아니라 '에모티오'라고 발음하는 것이지요. 그렇지만 아이가 '/므, 오, 트, 오/'라고 발음하면 이것을 연결해서 '/모토/'라고 바르게 발음할 수 있게 되지요.

모래 글자 교구는 시각, 촉각, 청각을 연계하는 완벽한 경험을 통해 글자를 익힐 수 있는 교구입니다. 아이는 눈으로 글자를 보고 손끝으로 따라 그리고 입으로 발음을 하며 각 글자의 형태와 움직임, 소리를 연관 지을 수 있습니다. 모래 글자를 손으로 따라 그리면서 쓰기에 필요한 운동 감각을 키웁니다. 손으로 따라 그린 글자의 모양이 아이에게 각인되기 때문에 움직임을 통해 글자를 익힐 수 있습니다. 그리고 모래 글자 교구로 학습한 자음이나 모음이 들어가는 한 음절 단어를 발음하기 시작합니다(예를 들면 '공', '밥', '물' 등-옮긴이).

아이의 어휘를 풍부하게 해주려면 어려운 단어를 쓰는 데 주저하지 않아야 합니다. 아이에게 어려운 단어일지도 모른다고 생각할 수 있지만 실제로는 그만큼 어렵지 않습니다. 잘 설명해주면 아이는 충분히 이해합니다. 언어에 대한 민감기를 지나는 동안 아이는 가장 많은 양의 단어를 흡수합니다. 더 넓은 범주의 어휘에 노출될수록 아이의 호기심이 발달합니다. 어릴 때부터 외국어를 배우는 아이도 있습니다. 외국어에 노출되면 자연스럽게 흡수합니다.

쓰기와 읽기 기술을 키우기 위해서는 정신적인 준비가 필요합니다. 즉, 자신감과 집중력이 있어야 하지요. 아이는 주변 어른들이 쓰고, 읽고, 편지나 택배를 받고 보내고, 메모를 하는 모습을 보며 자극을 받습니다. 처음에는 그림 그리기로 시작해서 짧은 메시지를 쓰게 하거나, 이야기를 만들거나 실제 이야기를 써서 책을 만드는 활동을 합니다. 받아쓰기, 이야기에 맞는 그림 그리기 등 쓰기나 읽기와 관련된 다른 활동을 하게 유도하는 것도 좋습니다.

쓰기는 단어를 소리로 분해하는 법을 알아야 할 수 있는 활동입니다. 읽기는 소리를 하나의 단어로 구성하는 법을 알아야 할 수 있는 활동이지요. 쓰기는 생각을 창조하고 옮겨 쓰는 활동입니다. 읽기는 다른 사람의 생각을 들여다보고 다른 사람을 만나러 다가가는 활동입니다.

과학 영역 교구

과학 영역 활동을 통해 아이는 자신이 속한 세계를 발견합니다. 과학 영역은 체계적인 명명법처럼 세상을 이해하는 데 도움이 되는 열쇠를 제공함으로써 아이가 세상을 탐험하고 그 속에서 자신의 자리를 잡아갈 기회를 줍니다.

아이는 경험을 통해 구체적인 것에서부터 개념으로 사고를 확장합니다. 알고 있는 것에서 모르는 것으로, 전체에서 세부로 시야를 넓히는 것이지요.

생명을 탐구하는 생물학은 아이들이 자기가 사는 세상을 이해하고 존중할 수 있게 하는 것을 목표로 합니다. 가까운 주변 환경, 나아가 넓은 세상에서 아이가 자신의 자리를 찾을 수 있도록 돕는 학문인 것이지요. 생물학을 공부하면서 아이들은 자기 자신을 인식하고 타인과의 관계에 대해서도 생각하게 됩니다. 지금 우리 시대에는 선택이 아닌 필수가 된 자연보호 문제에도 관심을 두게 됩니다.

아이는 만 6세부터 자기중심적 사고에서 벗어나 세상을 향해 열린 태도를 보입니다. 과학적 사고 능력은 고도로 발달하고 지능에서 점차 더 많은 부분을 차지하게 됩니다. 이를 위해서는 현실을 바탕으로 한 기초를 충분히 다져야 합니다. 따라서 부모는 아이가 세상을 관찰할 수 있도록 이끌어주어야 합니다.

초에 불을 붙이고, 산소가 없으면 불이 꺼지는 현상을 관찰하는 과학 실험

몬테소리 교실은 아이에게 과학 실험을 하고, 현실과 비교하고, 일상 속에서 현실을 주의 깊게 관찰할 기회를 제공합니다.

아이의 관찰력을 키우기 위해서는 동물이나 식물 등을 교실에 두는 것이 좋습니다. 아이는 이들 동식물에 관심을 가지고 질문을 합니다. "토끼는 어떻게 살아요?", "튤립은 얼마나 오래 피어요?"와 같은 질문을 하고 교실 안의 동식물을 돌봅니다. 그러면 아이는 개구리로 변하는 올챙이처럼 생활 주기에 따라 변하는 동물이나 계절에 따른 식물의 변화 등을 지켜볼 수 있습니다. 이렇게 시간에 따라 생명체가 변한다는 사실을 확인합니다.

아이가 연구 대상을 잘 관찰하고 조작하면 연구 대상의 이름을 정확히 알려줍니다. 생후 52개월(만 4세 반)부터는 생동적인 분위기에서 좀 더 다양한 경험을 쌓을 수 있습니다. 관찰한 내용에도 더 관심을 갖게 되고요. 이미 관찰한 내용을 일반화하고 연구를 확장하면서 결론을 도출하기도 합니다. 예를 들면 교실에 있는 새와 정원에 있는 새, 동물원에 있는 새를 비교합니다. 그리고 생물이 종별로 가지고 있는 공통적인 특징을 파악하고, 개념화와 일반화를 하기 시작합니다. 단순 관찰에서 세분화된 관찰의 단계로 넘어갑니다. 그리고 좀 더 정확한 용어를 사용합니다.

명명법은 동물과 식물의 명칭을 정한 것으로, 같은 과(科)에 속하는 동물이나 식물의 공통된 이미지를 한데 모은 것이라고 볼 수 있습니다(예: 어류, 양서류, 조류, 파충류, 포유류, 뿌리, 기둥, 잎, 꽃, 나무 등). 명명법은 아이에게 지각과 사고를 조직화하는 핵심적인 구조를 마련해줍니다.

자연에서 산책하는 것만큼 관찰력을 키우고 다양한 경험을 제공하는 것은 없습니다. 아이들은 산책을 마치고 교실로 돌아와서 체계적으로 분류된 과학 영역 교구를 사용하여 자신이 관찰한 내용을 분석하며 과학 탐구 능력을 기릅니다.

역사와 지리 영역 교구

지리 영역은 아이들이 가까운 공간과 먼 공간에서 자신의 위치를 파악하고, 자신의 문화와 다른 문화를 발견하고 받아들이게 하는 것을 목표로 합니다. 편협은 무지로부터 나오기 때문이지요.

만 3세부터 6세 유아의 교실에는 물리적 지리(지구본, 평면 구형도, 대륙 퍼즐), 문화적 지리(지도와 사진을 통한 문명 및 문화 학습), 정치적 지리(국기)와 같이 다양한 지리 영역 교구가 제공됩니다.

역사는 비교적 늦게 학습되는 개념인데, 만 7세 전후에 이해할 수 있습니다. 그렇지만 만 3~6세 교실에서도 시간 개념을 잘 이해할 수 있도록 역사 영역 준비 활동을 제시합니다(261쪽 참고).

음악 영역 교구

마리아 몬테소리가 고안한 음악 영역 교구는 아이들이 자발적으로 음악을 통해 자신의 느낌과 생각을 표현하도록 합니다. 유아에게 교구를 조작하기 전에 우선 소리와 음률에 대한 지식을 제시합니다. 음악 영역은 주로 귀와 목소리를 훈련하는 활동으로 구성됩니다.

음감벨은 몬테소리 음악 교구 중 가장 멋진 교구입니다. 음감벨

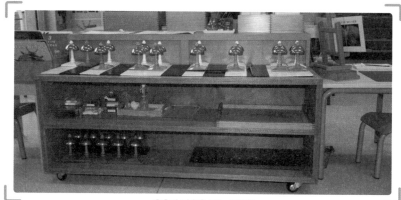
온음과 반음을 내는 음감벨

은 모양과 크기는 같으나 색깔이 다른 여러 개의 종으로 구성되어 있는데, 타봉으로 종을 하나씩 치면 길게 울리는 소리를 한 음씩 만들어낼 수 있습니다. 그리고 벨을 손으로 잡으면 진동이 멈춰 소리를 멈출 수 있습니다. 음감벨은 총 두 세트로 되어 있어서 같은 소리 찾기(짝 맞추기), 음의 높낮이를 이용하여 낮은음부터 높은음으로 혹은 반대로 단계화하기(점차성), 음 분류하기 등의 활동을 할 수 있습니다. 아이는 감각을 통해 소리를 이해한 뒤 음표로 표시된 음계를 배웁니다.

미술 영역 교구

아이가 자유롭게 사용할 수 있도록 교실에 미술 영역 교구를 배치해 둡니다. 미술 교구를 이용하여 아이는 마음껏 창의적인 활동을 합니

다. 다시 말해 경험을 통해 얻은 생각과 느낌을 자유롭게 표현할 수 있습니다. 때에 따라 자기가 그린 그림을 다 같이 친구들 앞에서 발표하는 것처럼 교사가 개입하여 활동을 진행하기도 합니다.

만들기, 장식하기 등의 다양한 미술 활동은 쓰기 단계를 간접적으로 준비하기도 합니다. 예를 들면 정해진 순서로 선을 따라 그려서 밑그림을 그리는 활동이나, 중세시대 고서의 사본에 문양이나 금, 은 등을 사용해 장식했던 것처럼 종이로 장식띠를 만들어 자기가 만든 미술 작품을 장식하는 활동 등이 있습니다.

다른 한편으로는 순수하게 창의력을 키우는 데에 집중하는 활동도 있습니다. 불빛이 나오는 전사판을 사용해 다른 그림을 베껴 그릴 수도 있고, 미술 작품을 만들어낼 수도 있습니다. 자유롭게 그리기, 다양한 미술 기법이나 소재를 사용해 상상한 것을 종이에 옮기기도 합니다. 교실 안에 배치된 책과 예술적인 그림이 아이의 예술적 소양을 키우고 영감의 원천이 됩니다.

이상적인 학교의 모습, 몬테소리 학교

● 몬테소리 유아반(만 3~6세)
● 학생 자드의 어머니

저희 큰딸은 일상생활에서 자율적이고 독립적인 모습을 보여주었습니다. 만 4세에는 아침에 일어나 세수를 하고 옷을 입었으며, 5세에는 혼자 샤워를 했습니다. 그뿐만이 아닙니다. 자발적으로 가족의 삶에 참여할 수 있는 소소한 일을 합니다. 예를 들면 잠에서 깬 뒤 이부자리를 정리하고, 여행을 갈 때 자기 짐을 직접 꾸리고, 자기 방을 청소합니다. 아이한테 시키거나 부탁하지 않아도 말이지요. 정말 놀라운 일이에요. 몬테소리 교육이 자율성을 조절하는 데 필요한 신뢰감을 형성해준 덕분입니다.

몬테소리 학교 학생들의 눈빛과 관찰력을 보면 경이로움을 느낍니다. 아이들은 그냥 초롱초롱한 눈빛 그 자체입니다. 아이들이 얼마나 교실 속에 '몰입'하는지를 느낄 수가 있습니다. 몬테소리 교실은 매우 평온하고 아이들은 자율적으로 활동합니다. 정말 기적이라고 할 수 있습니다.

몬테소리 학교는 이상적인 학교의 모습을 완벽하게 보여준다고 생각합니다. 교육 체제가 중심에 있고 아이들이 거기에 적응하는 것이 아니라, 아이들이 교육의 중심에 있는 학교 말입니다.

몬테소리 교사

몬테소리 교육에서 교사의 역할은 매우 중요합니다. 바로 아이에게 지식을 주입하는 것이 아니라 '배우는 법'을 전수해주는 것입니다. 다시 말해 몬테소리 교사는 지식을 전하는 사람이 아니라 아이의 탐구와 학습을 돕는 안내자여야 합니다.

교사의 역할

몬테소리 교실에서 교사는 다음 세 가지의 핵심적인 임무를 수행합니다.

- ★ 아이를 관찰하고 교구를 제시하는 안내자
- ★ 바람직한 교실 분위기를 조성하는 책임자
- ★ 아이의 성장과 발달을 돕는 조력자

아이를 관찰하고 교구를 제시하는 역할

교사는 아이가 교구를 조작하면서 집중력을 발달시키고 자기만의 속도로 자란다는 사실을 알고 있습니다. 따라서 교사는 일과의 대부분을 아이가 교구를 활용하도록 돕고, 간혹 여러 아이들을 대상으로

'시범'을 보입니다.

시범을 보일 때는 팔 움직임이 아이의 시야를 가리지 않도록 해야 합니다. 가능하면 아이가 교사의 동작을 잘 볼 수 있도록 아이가 오른손잡이일 때는 아이의 오른쪽에, 왼손잡이일 때는 왼쪽에 앉습니다. 그리고 동작을 아주 정확하고 침착하게 하고, 조용한 상황에서 시범을 보입니다. 아이의 관심을 끌기 위해서는 동작을 정확하게 해야 합니다. 이를 위해 교사는 활동을 제시하기 전에 시범에 필요한 모든 움직임을 분석해야 합니다.

또한 교사도 교구를 직접 조작해보아야 합니다. 몬테소리 교사 양성 프로그램에도 교구 조작 시간을 따로 두고 있습니다. 교구의 제시와 시범에 대한 상세한 내용을 담은 포트폴리오를 직접 만들기도 하고요. 포트폴리오에 교구 관련 내용을 정리해보면 더 잘 기억할 수 있습니다. 이후 교사는 세부 내용을 다시 확인하기 위해 포트폴리오를 활용할 수 있습니다. 좋은 시범을 위해서는 정확한 동작을 충분히 준비해야 합니다.

유아에게 교구와 활동을 효과적으로 제시하려면 다음과 같은 내용을 기억해야 합니다.

★ 언제든지 시범을 보여줄 수 있어야 하며, 아이가 시범을 잘 보고 있는지 확인해야 합니다.

★ 활동을 제시하되 강요하지 말아야 합니다.

★ 교구를 제자리에서 꺼내 제시해야 합니다.

★ 아이와 함께 작업할 자리를 선택하고 차분하게 앉습니다.

★ 시범을 보일 때는 동작을 천천히 합니다. 단계가 끝날 때마다 잠시 쉬어서 각각의 단계를 명확하게 구분 지어줍니다.

★ 아이에게 활동을 제안하고 교구를 조작할 시간을 충분히 줍니다.

★ 아이의 활동을 중단하지 않고(응원하는 것도 지양) 가능한 개입하지 않아야 합니다. 설령 개입하더라도 최소화합니다.

★ 시범을 보인 후 자기 자리로 교구를 가지고 가서 활동을 시작하려는 아이를 돕고, 활동 후 정리하는 것이 중요하다는 사실을 아이에게 주지시킵니다.

★ 아이가 원할 때 활동을 다시 할 수 있도록 해줍니다.

★ 아이들이 언제든 사용할 수 있도록 교구를 깨끗하고 양호한 상태로 유지합니다. 그리고 교구가 아이들의 관심을 끄는지 항상 확인합니다.

개념을 익히는 3단계 학습법

아이가 구체적인 경험을 하는 동안 마주치게 되는 모든 개념은 3단계 학습을 통해 익힐 수 있습니다. 3단계 학습법은 언어 습득에 중요한 역할을 합니다. 이로써 아이는 지각을 말로 표현하고 개념화할 수 있으며, 언어를 자기 것으로 만들 수 있습니다.

아래는 색깔 접시 교구를 이용한 3단계 학습법의 예시입니다.

1. 지각의 명칭을 말합니다

"파랑! 이건 파랑이야." 아이가 "파랑!"이라고 따라 합니다.
"노랑! 이건 노랑이야." 아이가 "노랑!"이라고 따라 합니다.
"빨강! 이건 빨강이야." 아이가 "빨강!"이라고 따라 합니다.

이 단계는 개념을 명칭화하는 단계입니다. 사물이 아니라 지각의 명칭을 말하도록 주의해야 합니다. '파란 접시'가 아니라 '파랑'이라고 알려주어야 합니다.

2. 아이가 지각을 맞힐 수 있는지 물어봅니다

"어떤 게 파랑이지?"라고 물으면 아이가 손가락으로 파란 물건을 가리킵니다. 만약 틀리면 아이가 스스로 오류를 고칠 기회를 주며 활동을 계속합니다.

3. 아이가 배운 내용을 재구성하게 합니다

"이건 뭐야?"라고 물으면 아이가 "파란색이에요"라고 대답합니다. 문화적 체계인 언어는 다음과 같이 세 단계에 거쳐 알려주는 것이 좋습니다. 그럼 아이는 점진적으로 언어 체계를 받아들이게 됩니다.

★ 먼저 단어를 제시합니다(아이는 '파랑'을 따라 합니다).

★ 아이는 받아들이며 자신이 이해한다는 점을 보여줍니다(파란 물건을 가리키거나 보여줍니다).

★ 아이는 단어를 재현하고 사용하면서 자기 것으로 소화합니다('파랑'이라고 말합니다).

주의: 크기의 개념을 도입할 때는 '큰 정육면체', '작은 정육면체'라고 하지 않고 '크다', '작다'로 말해야 합니다. 아이에게 큰 사물과 그것에 비해 작은 사물을 보여줍니다. 추상적인 개념에 해당하는 사물을 보여주고 일반화 단계로 넘어갑니다. 한 번에 두어 개의 개념만 가르치는 것이 바람직하며, 그보다 많은 개념을 도입하지 않도록 주의합니다.

교구를 제시할 때는 정해진 순서를 따라야 하며, 교사는 적절한 시기에 적절한 교구를 제시해야 할 의무가 있습니다. 이를 위해 아이들의 발달 상황과 학습 상황을 알고 있어야 합니다. 교사의 역할은 필요한 경우 아이들에게 끈기 있게 활동을 제시하는 것입니다. 교사가 제시하는 활동은 아이의 발달에 필요한 핵심 열쇠가 된다는 점을 항상 생각해야 합니다.

하지만 앞서 말했듯이 교사에게는 아이의 작업을 수정하거나 평가하는 역할은 주어지지 않습니다. 아이의 오류를 수정하지 않더라도 교사는 아이가 얼마나 배우고 있는지, 얼마나 발달하고 있는지 잘 알 수 있습니다. 아이의 학습 상황은 오류를 수정하면서 알 수 있는 것이 아니라 아이가 교구를 어떻게 활용하는지를 관찰하고 아이의 결과물을 보면서 파악할 수 있습니다.

관찰은 몬테소리 교육의 중심축입니다. 마리아 몬테소리는 교사가 시범과 제시를 줄이고 관찰을 점점 늘리는 것이 이상적이라고 생각했습니다. 이것이 몬테소리가 말한 '정상화'된 교실의 모습이지요. 정상화된 교실에서 아이들은 교구 조작에 집중하고 자율적으로 자신을 구축합니다. 교사는 아동과 교실의 필요를 가장 중요하게 생각하고 신중하고 적절하게 개입해야 합니다.

교실 분위기를 조성하는 역할

교사는 아이가 집중하여 교구를 조작할 수 있도록 교실 분위기를 조성해야 합니다. 그렇게 함으로써 아이의 조화로운 발달을 간접적으로 도울 수 있습니다. 몬테소리 교실은 다음과 같은 특징을 갖고 있습니다.

정돈된 환경

교실 공간은 세심하게 준비하고, 청결하게 유지하며, 아이들의 관심을 끌 수 있어야 합니다. 예를 들면 교구는 쟁반에 담아 순서대로 선반 위에 정리합니다. 아이들이 지표로 삼을 수 있는 안정적인 대상이 있어야 교구와 활동을 자유롭게 선택할 수 있습니다. 교사는 교구가 제대로 갖춰져 있는지 미리 확인해서 부족한 게 있다면 채워 넣습니다. 이렇게 함으로써 아이가 중단 없이 활동을 이어가게 합니다. 또한 다른 아이가 활동에 집중하고 있을 때 방해하지 않도록 합니다.

다시 말해 좋은 교실 분위기를 유지하는 것은 질서를 유지하는 것이라고 할 수 있습니다. 이때 말하는 질서는 사물을 배치하는 순서가 아니라 유아의 정신세계 구축을 위한 질서를 의미합니다. 질서 속에서 사는 아이는 머릿속도 잘 정리합니다. 질서를 다른 말로 표현하면 정리, 구조, 정돈, 배열, 정비, 분류, 연계, 계층화, 배치, 연관이라고 할 수 있습니다. 이는 사물뿐만 아니라 생각도 질서에 따라 정리하는 것을 포함합니다.

자극을 주고 격려하는 분위기

좋은 교실 분위기를 유지하기 위해서는 교실 환경이 아이들에게 다양한 경험의 기회를 주고 아이가 자발적인 활동을 하는 데 적합하도록 세심하게 신경 써야 합니다. 다시 말해 적절한 자극을 충분히 줄 수 있는 환경이어야 합니다.

또한 아이에게 도움이 필요할 때 교사가 항상 곁에 있다는 믿음을 줌으로써 아이의 활동을 격려하는 분위기를 조성해주는 것도 중요합니다. 이러한 안정감은 아이가 누군가의 도움 없이 스스로 하는 힘을 키워줍니다. 교실 분위기가 안정적이면 교사에 대한 신뢰는 물론이고 잠재력을 키워서 아이로 하여금 훨훨 날 수 있도록 날개를 달아줍니다.

이런 분위기 속에서는 아이가 다른 사람에게 평가받거나 판단받는다는 느낌을 받지 않기 때문에 자아를 실현할 수 있습니다. 교사는 아이의 활동에 대해 해석을 덧붙이지 않아야 합니다. 부정적인 비판은 아이를 의기소침하게 만들고, 긍정적인 의견 또한 아이 스스로 정한 일차적인 목표를 바꾸어 칭찬을 듣거나 다른 사람을 기쁘게 하려고 활동하게 만들기 때문에 하지 않는 것이 좋습니다. 아이가 타인의 시선에 의존하지 않고 스스로 자극을 받아서 작업하고자 하는 욕구가 저절로 생기는 것이 더 바람직합니다. 아이가 타인의 평가와 칭찬에 익숙해지면 제삼자가 없을 때는 아무것도 하고 싶어 하지 않을 수도 있기 때문입니다.

스트레스는 인지 발달에 가장 큰 방해물이기 때문에 교사는 긍정적이고 온화한 분위기를 조성하기 위해 노력해야 합니다. 스트레스는 논리적 사고, 의지, 기억력을 막는 호르몬을 뇌에서 생성합니다. 스트레스를 받으면 사고 회로에 누전이 발생한 것처럼 지적 능력을 상실합니다. 그리고 이성적으로 생각하고 적절하게 행동하기보다는 회피하거나 경직되거나 타인을 공격하는 등의 반응을 보입니다. 화학적 요인 때문에 감정 반응을 제어하기 힘들어 평소와는 다르게 반응하는 것이지요.

교사는 스트레스를 받은 아이에게 잠시 휴식을 취하게 합니다. 숨을 고르게 하고 물을 마시게 합니다. 그리고 아이가 실제로 지각한 것을 되짚어보고, 느낀 감정을 분석하고 표현하게 유도합니다.

아이는 이렇게 잠시 휴식을 취하면서 이성을 되찾습니다. 무엇보다 교실 분위기를 차분하게 유지하여 사전에 아이가 스트레스를 받지 않도록 하는 것이 가장 좋습니다.

차분하고 평온한 분위기

교사는 아이들이 마주하게 되는 물질적·감정적 문제들을 해결할 수 있도록 도움을 주어야 합니다. 매사에 아이들이 어떤 문제를 맞닥뜨리는지를 인지하고, 만약 문제가 발생하더라도 아이들이 상황을 지나치게 심각하게 여기지 않도록 하고 스스로 해결책을 찾도록 도와야 합니다.

교실 분위기를 조성할 때는 보조교사에게 도움을 받을 수도 있습니다. 몬테소리 교사양성 센터에서는 몬테소리 보조교사가 되고자 하는 사람들을 위해 특별 교육 프로그램을 진행합니다.

아이의 발달을 돕는 역할

교사는 아이가 스스로 인격을 형성할 수 있도록 도와야 합니다. 그러기 위해서 각각 아이들의 인격, 사고방식, 특성을 파악하고 존중해야 합니다.

교사의 역할은 아이의 발달을 이끄는 것이 아니라 돕는 것입니다. 아이는 자기만의 속도로 자발적으로 성장합니다. 교사는 이런 아이에게 지나치거나 부족하지 않게 적절한 양과 질의 자극을 주며 아이가 학습하는 속도를 존중해주어야 합니다. 한 걸음 뒤로 물러서서 아이를 관찰하면서 균형을 찾아야 합니다. 교사는 아이가 두 가지 활동에 집중할 때 나타나는 '가짜 피로 현상'을 이해하고 이를 고려해야 합니다. 아이는 한 가지 활동을 하다가 어느 시점부터 집중력이 떨어지고 감정적인 동요를 느낍니다. 몬테소리는 이러한 현상을 '가짜 피로 현상'이라고 일컬었습니다. 가짜 피로는 10분 정도 지속되는데 이때 교사가 개입하기보다는 아이가 스스로 활동을 다시 시작하거나 다른 활동으로 넘어갈 수 있도록 지켜보아야 합니다.

마리아 몬테소리는 아이에게는 3시간 단위의 작업 주기가 있다는 사실을 관찰을 통해 알게 되었습니다. 작업 주기는 상대적으로 쉽고 집중이 잘되는 활동부터 시작됩니다. 몬테소리는 이 활동을 '짧은 작업'이라고 불렀습니다. 작업 주기는 짧은 작업 주기에서 시작해 약간의 휴식기로 이어집니다. 휴식기에는 아이가 조금은 피곤해 보일 수 있습니다. '가짜 피로 현상'이 나타나는 것이지요. 짧거나 긴 휴식기 후에 아이는 자발적으로 교구를 선택해 집중해서 '긴 작업'을 합니다.

몬테소리는 '가짜 피로 현상'이 나타났을 때 교사가 개입하자 아이의 작업 주기가 깨질 뻔했으며, 아이가 어려운 활동을 더는 하려고 하지 않는다는 사실을 확인했습니다. 교사가 적절하지 못한 타이밍에 개입하면 아이의 집중을 해칠 수 있습니다. 따라서 아이가 한 활동을 끝내고 다른 활동을 시작하기 전에 잠시 휴식을 취할 수 있도록 기다려주어야 합니다. 휴식기 동안 아이가 좀 돌아다녀도 말이지요.

아이의 긴 작업 주기가 오락거리나 다른 활동(외부 교사가 개입하는 언어 수업이나 그리기 수업 등)으로 인해 방해받지 않도록 미리 신경을 쓰는 것이 중요합니다.

그러나 아이가 휴식기가 끝나도 계속 방황하거나 관심을 집중하지 못한다면 활동을 시작하게 유도할 수 있습니다. 아이에게 다른 활동을 제안하거나 관심을 가질 만한 교구를 제시하여 아이가 활동을 선택하게 도울 수 있는 것이지요. 흥미가 집중의 시작점이라는 사실을 늘 기억해야 합니다. 모든 것이 아이의 흥미를 끌어야 합니다. 따라서 아이에게 활동을 제시할 때 분별력 있게 선택해야 합니다. 아이의 기호에 반대되는 활동을 강요하지 않아야 합니다. 그렇지 않으면 아이는 흥미를 느끼지 않는 활동을 억지로 하거나, 산만해지거나, 더 나쁘게는 단기적으로나 장기적으로 활동을 거부할 수도 있습니다.

교사의 역할은 이런 아이에게 교구를 조작하고 싶은 욕구를 불러일으키는 것입니다. 만약 아이가 흥미를 느끼지 않는데 조기학습을 한다면 그보다 앞서 배워야 하는 것을 충분히 배우지 못할 수도 있습니다. 그러므로 교사는 아이들의 자연스러운 학습 속도를 정확히 따라가야 합니다.

마리아 몬테소리는 교사에게 다음과 같은 조언을 했습니다.

"교사를 필요로 하는 아이에게는 교사의 존재감과 가용성을 느낄 수 있게 하고, 교사의 존재를 이미 인식하고 있는 아이에게는 존재감이 느껴지지 않도록 해야 한다."

학습의 장애물, 스트레스

카트린 뒤몽테이크레머
(Catherine Dumonteil-Kremer),
가족상담사이자 몬테소리 교사 [4]

스트레스의 원인을 이해하면 아이의 학습을 더 효과적으로 도와 학습 환경을 최적화할 수 있습니다. 감정을 비우면 스트레스를 부분적으로 해소할 수 있습니다. 가정환경이 좋지 않은 아이나 고통스러운 문제 상황에 처한 아이는 학습과 관련한 관심을 충분히 받지 못합니다. 이렇게 아이가 관심을 받지 못하고 이해받지 못하는 상황은 절대 일어나지 않아야 합니다.

한편 부모가 학습에 관해 과도한 기대를 하면 아이는 불안감을 느낍니다. 이 경우 아이가 배워야 하는 것을 대부분 부모가 결정하고, 아이는 인생에서 무엇이 중요한지 배우지 못합니다. 그리고 부모 본인의 단점을 기준으로 아이의 학습 상황을 평가합니다. 부모 대신 아이가 부족한 부분을 채워주기를 바라는 것이지요. 안타깝게도 이런 부모는 잘못된 길을 가고 있습니다. 아이가 자기가 원하는 것을 직접 경험하고 언제 무엇을 배우고 싶은지 결정할 수 있게 해주어야 합니다.

스스로 정하지 않은 때에 의무적으로 하는 공부는 올바른 학습 과정과 반대됩니다. 이 또한 스트레스의 중대한 원인으로 작용합니다. 제약을 받는 환경에서 학습하면 두뇌 활동은 둔해지고 기억력만 작동합니다. 게다가 타인의 평가와 판단은 학습을 방해하며, 평생 우리를 따라다니고 힘들게 합니다.

> 스트레스를 받으면 고통을 느끼고, 두뇌 활동이 저하되며, 학습 능력이 떨어집니다.

---

4 Catherine Dumonteil-Kremer, *Élever son enfant autrement*, La Plage, 2009. (『우리 아이 특별하게 키우기』, 국내 미출간)

교사의 역할은 아이를 판단하거나 점수를 매기는 것이 아니라 최적의 환경에서 아이가 스스로 발달하도록 돕는 것입니다. 아이의 열정은 배움의 기쁨을 보여주는 최고의 신호입니다. 아이가 배움의 즐거움을 느낄 수 있도록 교사는 편안한 교실 분위기를 유지해야 합니다. 특히 두뇌 활동을 저해하는 첫 번째 학습 장애물인 스트레스에 잘 대처해야 합니다. 교사는 과도한 기대를 하지 않도록 주의해야 합니다. 그리고 아이들이 자기의 감정을 잘 표현하게끔 해주어야 하고, 아이의 감정을 받아들이고 존중해야 합니다. 아이가 겪는 문제에 대해 잘 들어주고 이해해주어야 합니다.

아이가 학습과 관련해 어려움을 겪을 때는 해당 활동의 나머지 부분과 문제가 되는 부분을 분리하고 학습 맥락 밖에서 문제를 다루는 것이 좋습니다. 몬테소리는 이러한 문제를 '흥미점'이라고 일컬었습니다. 활동이 너무 길거나 어려워 보일 때 아이의 호기심을 다시 깨우기 위해 아이의 관심을 끄는 세부적인 요소를 뜻하지요. 세부적인 요소를 계속 개선하면서 아이는 다시 집중할 기회를 얻습니다. 똑같은 활동이라도 흥미점은 아이마다, 상황마다 다르게 나타날 수 있습니다. 아이가 어려움을 겪는 순간에 집중적으로 흥미점을 다루기 때문입니다. 한 번에 하나씩 문제를 해결하기 때문에 흥미점은 아이가 어려움을 느끼는 순간에 생기는 것입니다.

교사의 자질

교사의 태도와 마음가짐은 매우 중요합니다. 따라서 교사는 자기 자신을 이해하기 위해 노력해야 합니다. 타인을 있는 그대로 받아들이기 위해서는 자기 자신을 받아들여야 합니다. 자신의 장단점을 잘 알면 아이들의 장단점을 이해하고 받아들일 수 있습니다.

마리아 몬테소리는 교사는 '학자'이자 '성자'가 되어야 한다고 자주 말했습니다. 다시 말해 지(知)와 덕(德)을 모두 갖추어야 한다는 것이지요. 교사는 자신을 권력자나 반박 불가한 기준이라고 생각하기보다는 자기 자신에 대해 항상 문제를 제기하는 겸허한 마음가짐을 가져야 합니다. "내가 지금 아이의 발달을 돕는지, 아니면 방해하는지"와 같은 질문을 끊임없이 스스로에게 던져야 합니다.

이렇게 문제를 던지고 답을 찾아가는 과정에서 아이의 욕구를 분석하고 이해할 수 있으며, 결과적으로 아이의 욕구를 더욱 잘 충족시킬 수 있게 됩니다.

몬테소리 교사는 모든 아이의 개별적인 특성과 발달단계를 고려해야 합니다. 이를 위해 아동 발달단계에 대한 충분한 지식을 갖추어야 합니다. 하지만

> "새로운 유형의 교사는 말보다는 침묵을 배워야 하고, 가르치기보다는 관찰해야 하며, 무너뜨릴 수 없게 보이고 싶은 오만한 권위보다는 겸양의 덕을 갖추어야 한다."
>
> 마리아 몬테소리,
> 『과학적 교육학』

단순히 지식을 많이 쌓는다고 해서 좋은 교사가 되는 것은 아닙니다. 다음과 같은 여러 가지 자질을 함양해야 합니다.

희생과 봉사정신

희생과 봉사정신은 겸양, 가용성, 신중함만큼이나 중요한 덕목입니다. 교사는 아이가 발전한 모습에 자만하지 않되 기뻐할 줄 알아야 합니다. 아이가 마침내 잠재력을 꽃피운다고 하더라도 교사가 그 성공의 주체가 되지는 않습니다. 교사는 아이에게 집중하기 위해 자기중심적인 태도를 버려야 합니다. 그리고 오직 아이만이 진정한 안내자라고 여기며, 자기가 맡은 아이 한 명 한 명을 사려 깊고 애정 어린 마음으로 이끌어야 한다는 사명감을 가져야 합니다.

교사는 아이를 믿어야 하며, 아이가 스스로 자아를 실현하는 데 필요한 잠재력을 지니고 있다고 생각해야 합니다. 그리고 아이가 조화롭게 발달할 수 있도록 자신의 역할을 다해야 합니다.

인내심

교사는 아이의 리듬에 맞추고 아이를 기다릴 줄 알아야 합니다. 교사의 인내심은 아이가 자신의 잠재력을 마음껏 발휘하게 합니다. 교사가 아이에게 주의를 기울일수록 아이도 주의를 기울입니다. 그리고 교사의 개입이 적을수록 그 효과는 커집니다. 개입이 강압적일수록 아이가 거부감을 보일 수 있습니다.

> **"아이를 대할 때는 최대한 예의를 갖추어야 하며, 자신이 가진 것 중 최선의 것을 주어야 한다."**
>
> 마리아 몬테소리, 「교육자의 십계명」

교사는 단호하지만 부드러운 목소리로 공격적이지 않게 '아니'라고 말하는 방법을 익혀야 합니다. 그리고 아이가 안정감을 느낄 수 있도록 일정한 제약을 정하고(필요한 경우 유연하게) 충분히 알려주어야 하며, 의견을 너무 자주 바꾸지 않도록 합니다.

명령이나 비난을 통해 아이에게 직접 영향력을 행사하기보다는 아이의 주변에 머물며, 영향력을 미치려면 반드시 인내심을 가져야 합니다. 너무 지나치게 개입하지 않도록 하세요.

아이의 처지에서 생각해야 합니다. 목적이 수단을 정당화할 수 없다는 사실을 잊지 마세요. 아이가 어떤 개념을 이해하지 못한다고 해서 인내심을 잃어서는 안 됩니다. 아이가 배웠는지, 혹은 배우지 못했는지가 아니라 어떻게 배웠는지가 중요합니다. 결과보다는 과정이, 목표보다는 여정이 더 중요합니다.

아이를 활동으로 유도하는 능력

교사는 아이의 활동을 유도하기 위해서는 사람을 끌어당기는 매력을 발휘해야 합니다. 아이의 흥미를 불러일으키기 위해 생각을 다각화해야 합니다. 그리고 아이의 탐험 욕구를 끊임없이 부추기며 활동을 유도해야 합니다. 이를 위해 다양한 활동 기회를 줄 수 있는 환경을 조성해야 하며, 아이들의 활동을 격려하고 계속해서 여러 가지 활동을 선택할 수 있도록 해야 합니다. 또한 교실에 '새로움'을 더하고 아이의 관심사를 계발해야 합니다.

3~6세 반에서 진행된 참관수업

루베 잔다르크 학교의 몬테소리 교실

프랑스의 모든 몬테소리 학교는 비계약 학교(프랑스의 사립학교는 국가와 계약을 맺고 교육과 재정적인 지원과 규제를 받는 계약 학교와 국가의 재정적인 지원을 받지 않고 규제도 받지 않는 비계약 학교로 나뉜다-옮긴이)가 아니며, 몬테소리 학교 중 일부는 국가와의 계약을 바탕으로 운영되고 있습니다. 라르모르 바덴, 렌, 리옹, 루베, 파리 몬테소리 학교가 대표적인 예입니다.

저는 그중 한 곳인 잔다르크 학교를 방문했습니다. 프랑스 북부 노르 지역의 루베에 위치한 잔다르크 학교는 일반 가톨릭 중학교(정원 600명)와 몬테소리 학교(만 2세부터 11세, 정원 670명)로 구성되어 있습니다. 몬테소리 학교는 3~6세 반, 6~9세 반, 9~11세 반으로 혼합 연령으로 운영되고 있습니다.

잔다르크 학교는 19세기 말 수녀회에서 설립했습니다. 학교를 운영하던 수녀 중 마리아 몬테소리와 개인적인 친분이 있던 수녀가 1944년부터 초등 교실을 대상으로 몬테소리 교수법을 도입했습니다. 그리고 열과 성을 다해 몬테소리 교육을 가르칠 수 있는 교사들을 양성했습니다. 현재 잔다르크 학교에서 일하는 몬테소리 교사들은 국가 교원 자격증을 반드시 소지해야 합니다. 잔다르크 학교는 평생교육을 통해 몬테소리 교육법을 교사들에게 심어주고 있습니다.

이곳의 교사 중 한 명인 크리스티앙 마레샬 씨는 2000년 마리아몬테소리고등연구소(ISMM)에서 국제몬테소리협회(AMI) 교사 자격증을 취득했습니다. 이 자격증은 잔다르크 학교의 수녀들이 직접 가르치는 3~6세, 6~12세 아동 몬테소리 교사 양성 프로그램을 이수했다는 사실을 증명해줍니다.

교육 엔지니어였던 마레샬 씨는 신속하게 몬테소리 교사로 진로를 바꾸었습니다. 사실 그가 다니던 교육대학에는 모든 학생이 교수법을 정해 발표하는 수업이 있었는데, 그는 우연히 몬테소리 교수법을 맡아 발표하게 되었습니다. 당시에 그는 몬테소리 교육에 대해 전혀 몰랐기 때문에 발표를 꺼렸지요. 그런데 몬테소리 교육

은 그에게 새로운 지평을 열어주었습니다. 그때부터 지금까지 20년 넘는 세월 동안 몬테소리 교실에서 아이들과 함께하고 있지요. 또한 마리아몬테소리고등연구소에서 국제몬테소리교사양성 수업을 맡아 교사 양성에 힘쓰고 있습니다.

저는 그가 맡은 3세부터 6세 반을 참관할 기회가 있었습니다. 그의 교실은 진정한 의미의 어린이집이라고 할 수 있었습니다. 교실 분위기는 매우 평화로웠고, 아이들은 놀랄 만큼 집중했습니다. 자발적으로 배우는 아이들의 밝은 표정이 교실을 환하게 밝혔습니다. 아이들은 돌아다닐 때 아무런 소리도 내지 않았고 오랜 시간 동안 교구를 주의 깊게 다루었습니다. 각자 자기의 활동에 열중이었습니다. 한 아이는 글자카드를 읽고, 다른 한 아이는 책으로 읽기 활동을 했습니다. 다른 아이는 알파벳 'r'이 쓰인 모래 글자 교구를 조작했습니다. 덧셈 활동을 하는 아이도 있었고, 읽기 활동에 있는 그림을 정성껏 색칠하는 아이도 있었습니다. 초를 이용해 과학 실험을 하는 아이도 있었고요.

한 아이는 바닥에 타원형으로 그려진 선을 따라 걸으며 자신의 걸음걸이와 움직임을 완벽히 제어하기 위한 훈련을 자발적으로 하고 있었습니다. 손에는 종을 든 채로 소리가 나지 않게 조심스럽게 걷고 있었습니다. 어떤 아이는 다른 아이에게 자기가 단어를 잘 이해하고 있는지 물어보고, 친구가 대답을 해주자 예의 바르게 고

마음을 표시했습니다. 한 아이는 종이 띠에 적힌 문장 밑에 단어의 품사 상징표를 맞추고 있었고, 다른 아이는 맹꽁이자물쇠를 여닫으며 소근육 활동을 했습니다. 어떤 여자아이는 열심히 그림을 그렸고요. 작은 꽃병의 물을 갈고 테이블 위에 올려놓는 아이도 있었습니다. 한 남자아이는 파 음과 솔 음이 나는 음감벨을 번갈아 치며 차분하게 연주를 했습니다.

마레샬 씨는 아이들 몇 명에게 수 막대를 제시했는데, 아이들이 그의 시범을 보려고 가까이 다가갔습니다. 요리 교구가 있는 곳에서는 한 여자아이가 오렌지즙을 짜고 있었고, 다른 두 아이는 같은 층에 있는 교사들에게 대접하기 위해 작은 카트에 실어나를 커피와 차를 준비했습니다.

시간이 지나자 아이들은 사용한 교구를 제자리에 정돈하고는 또 다른 활동을 선택했습니다. 어떤 아이들은 45분 동안 한 가지 활동에 집중하는 모습을 보이기도 했습니다. 플로리스트가 되어 꽃다발 열 개를 꾸미고 있던 여자아이도 그중 한 명이었지요. 교실에는 잔잔한 음악이 흐르고 있었고, 아이들은 타인을 존중하는 분위기 속에서 자신만의 작은 세계를 가꾸었습니다.

마레샬 씨는 개입할 때 속삭이듯 말했고, 아이들이 눈치채지 못하게 아이들 곁을 맴돌았습니다. 그는 때때로 여유롭게 교실 전체를 관찰하기도 했습니다. 어떤 활동을 할지 망설이는 아이를 보고는 그 아이의 손을 잡고 교구가 정돈된 선반 앞으로 가서 도움을 주기도 했습니다. 틈나는 대로 교구를 정리하는 것도 잊지 않았지요. 잘 정돈되고 미적인 외관이 교구를 더욱 매력적으로 만들어 아이의 시선을 사로잡을 수 있기 때문입니다.

그러던 중 마레샬 씨가 잠시 교실을 떠나야 했는데, 그때에도 아이들은 별다른 동요 없이 차분하게 자기가 하던 활동을 이어갔습니다. 잠시 후 그는 교실로 돌아와서 잠시 아이들을 지켜보더니 이동 글자를 조작하던 아이에게 다가갔습니다. 시간이 흐르고 아이들은 점점 더 집중하는 모습이었습니다. 그렇게 두 시간이 지났습니다.

오전 일과가 끝나자 단체 휴식 시간이 주어졌습니다. 아이들은 교실을 나갈 준비를 했습니다. 아이들은 앞치마를 벗어 정리해야 했는데, 앞치마에는 아이들이 잡기 쉽게 커다란 단추가 달려 있었습니다. 나이가 많은 아이들은 동생들이 겉옷을 입고 앞치마를 옷걸이에 거는 것을 도와주었습니다. 서로 돕는 행위는 몬테소리 교실에서 매우 중요합니다. 모든 아이들을 결속시켜주지요.

마레샬 씨는 도움의 의미에 관해 이야기했습니다. 그의 교실에서는 서로를 돕는 분위기가 자연스럽게 형성되며, 서로를 돕는 행위가 모두를 행복하게 만드는 커다란 연대감을 싹 틔운다고 설명했습니다. 나갈 준비를 마친 아이들은 한자리에 모였습니다. 마레샬 씨는 한 명씩 이름을 불러서 차례대로 휴식을 취하게 해주었습니다. 이 모든 과정은 고요 속에서 이루어졌습니다. 아이들의 얼굴에서 행복을 느낄 수 있었습니다.

오전 내내 아이들은 언어, 수학, 지리, 혹은 다른 영역을 자발적으로 선택해 즐겁게 활동했습니다. 아이들은 개념을 구체적인 형태로 체험하면서 쉽게 이해했습니다.

'흡수하는 정신'을 통해 아이는 개념을 내면화하며 추상을 깊이 이해해갑니다. 민감기를 지나는 동안 학습 욕구를 충족시킬 활동에 끌립니다. 주변 사람들이 아이의 민감기를 제대로 이해하고 존중하고 활동을 지지한다면 아이의 학습 욕구는 무궁무진하게 발달합니다.

이 책의 앞부분에 흡수하는 정신과 민감기에 대해서 길게 설명했는데, 마레샬 씨의 교실은 이러한 내용을 잘 보여주는 좋은 본보기였습니다. 잔다르크 학교의 몬테소리 교실의 분위기는 열정적이고 활력이 넘치는 동시에 매우 평화로웠습니다. 교사들의 따뜻한 눈길 속에서 아이들의 지능과 정서가 자연스럽게 형성되는 모습을 지켜보는 것은 진정한 행복이라고 할 수 있지요.

마레샬 씨는 "몬테소리 교육은 너무나 당연한 상식"일 수밖에 없다고 말합니다.

능동적으로 듣기

교사는 진심을 다해 아이의 목소리에 귀를 기울여야 합니다. 이는 단순히 듣는 행위만을 의미하지 않습니다. 진정으로 포용하는 자세로 아이가 하는 말에 귀를 기울이는 것을 뜻하지요. 아이의 처지에서 아이의 기분을 헤아리고 공감하며 이야기를 듣기 위해서는 입을 다물고 스스로 침묵해야 합니다. 교사는 다른 이에게 집중하고 그 사람이 겪거나 느끼는 바를 이해하려고 노력해야 합니다.

아이와 의사소통을 할 때는 눈높이를 맞추는 것이 중요합니다. 앉거나, 몸을 기울이거나, 무릎을 꿇으면 아이와 눈을 맞추며 깊은 진심이 담긴 눈빛을 주고받을 수 있습니다.

아이의 말을 듣는 것은 아이가 말로 표현하지 않는 속마음까지 느끼는 것을 포함합니다. 행간을 읽고 원활한 의사소통을 할 줄 알아야 합니다. 오늘날 널리 알려진 '능동적으로 듣기'와 '비폭력적 의사소통'이라는 개념은 마리아 몬테소리가 사용한 표현은 아니지만, 몬테소리의 사상과 같은 선상에 있습니다. 진심을 담아 다른 사람이 하는 말과 말하지 않아도 표현하고자 하는 메시지를 세심하게 이해해야 한다는 것이 바로 몬테소리의 주장이었지요.

관찰력

관찰은 몬테소리 사상의 토대입니다. 관찰을 통해 상황과 다른 사람들을 더 잘 이해할 수 있고 더 효과적으로 도움을 줄 수 있습니다. 아이를 잘 이해하고 파악하기 위해 관찰할 때는 탐구하고 연구해야 합니다. 주의 깊게 관찰하면 우리는 더 좋은 조력자가 될 수 있습니다. 주기적으로 아이를 관찰하면 아이를 '틀' 안에 가두거나 '꼬리표'를 붙이는 것을 피할 수 있습니다. 아이를 변화하는 존재로 여겨야 합니다. 관찰은 지금 이 순간의 모습을 사진으로 남기는 것과 같습니다. 주기적으로 아이를 관찰하면 항상 새로운 시선으로 아이를 바라볼 수 있습니다.

교사는 관찰을 통해 아이의 발달단계와 학습 상황을 이해해야 합니다. 아이도 자신을 관찰하는 시선을 필요로 할뿐더러 자신을 바라보는 시선을 느낍니다.

몬테소리 초등학교

만 6세가 되면 아이는 새로운 발달단계에 접어들며 또 다른 민감기를 맞이하게 됩니다. 상상력과 문화에 대한 민감기이지요. 아이는 모든 것을 알고 싶어 합니다. 마리아 몬테소리가 말한 대로 '배우는 즐거움을 추구하고 발견하는 것'은 이 시기 아동 교육의 주된 목표입니다.

아이는 호기심이 많아지고, 질문하고, 정보를 찾고, 탐구하고, 경험하고, 가정하고, 관찰합니다. 지식 습득보다 더 중요한 사회적 기술을 습득하는 것이지요. 이러한 과정을 통해 아이는 자신의 인생을 능동적으로 이해하고 배우는 삶의 주도자가 될 것입니다. 자기 주도권 없이 암기만 하면 지엽적인 내용만 학습하게 되고 포괄적인 내용을 제대로 이해하지 못할 수도 있습니다.

몬테소리는 포괄적인 것에서 세세한 것으로 점차 좁혀가며 학습하는 방법을 권장했습니다. 그녀는 저서 『아이부터 청소년까지(*De l'enfant à l'adolescent*, 국내 미출간)』에서 "교육의 핵심 원칙은 다음과 같다. 세부적인 내용을 가르치는 것은 혼동을 주는 일이다. 사물들 사이의 관계를 정립하는 것은 지식을 전달해주는 일이다"라고 기술했습니다. 세부적인 내용이 중요하지 않다는 것이 아닙니다. 포괄적인 틀을 먼저 제대로 이해하게끔 가르친 뒤에 세부적인 내용을 다루어야 한다는 말입니다.

아이에게 과학을 설명하는 것은 우주에 대한 포괄적인 시각을 키워주는 것입니다. 조력자는 아이에게 세상을 이해할 수 있는 열쇠를 주며 인도합니다. 또한 아이가 자신이 사는 세상과의 관계를 지각할 수 있도록 도우며 세상을 알아갈 수단과 방법을 제시합니다. 아이가 세상을 잘 이해하려면 생물들 사이의 관계, 사물들 사이의 관계, 그리고 생물과 사물 사이의 모든 상호의존 관계를 잘 이해하는 것이 매우 중요하기 때문입니다.

관심이 아이에게 미치는 영향

파트리시아 스피넬리(Patricia Spinelli), 마리아몬테소리 고등연구소(ISMM) 소장

마리아 몬테소리가 경험을 통해 과학적으로 입증한 내용은 바로 '관심'과 관련한 현상입니다. 관심의 중요성은 아이들을 통해 직접 증명되었습니다. 교사에게 관심은 아이 내면을 형성하는 모든 과정의 중심이 되는 구심점이자 원동력입니다. 관심은 다양한 현상을 뜻합니다. 첫째는 어떤 대상을 향한 정신적인 추구이자 정신적 활동에 대한 집중을 의미합니다. 둘째는 세심한 배려와 친절한 보살핌을 의미합니다.

관심이 아이에게 어떤 영향을 미치는지 관찰하기에 앞서 우리가 아이에게 기울이는 관심에 관해 스스로 질문을 던져보아야 합니다. '대상을 향한 정신적인 추구'를 의미할 경우, 아이가 관심의 대상이며 아이에게 개방, 가용성, 흥미, 책임감을 모두 집중시킵니다. 일상 속에서 아이를 얼마나 세심하게 배려하고 얼마나 친절하게 보살피고 있나요? 활동을 유도할 때 얼마나 섬세하게 아이를 이끄나요? 아이를 대하기 위해 우리 내면은 얼마나 준비되어 있나요? 아이 한 명 한 명을 위해 어떤 계획을 세우고 있나요? 아이가 활동할 때, 반복할 때, 집중할 때 어떤 태도로 대하나요? 아이가 교구를 조작하도록 유도할 때는 충분히 분석하고 난 뒤 정확한 동작으로 제시하나요?

교실에서 하는 활동은 아이의 자율성과 독립성을 키워주고, 궁극적으로는 내면의 자유를 심어주므로 우리가 아이에게 제안하는 활동은 중요한 의미를 지닙니다. 그리고 아이가 교구를 조작하면서 자아를 구축하고, 발달에 필요한 '자양분을 스스로 공급'할 수 있는 분위기를 제공해주어야 합니다. 우리가 아이에게 기울이는 관심이 아이의 발달과 성장을 결정짓습니다. 우리가 깊은 관심을 쏟지 않는다면 아이 내면에 일종의 '동요'가 계속되는 것을 보게 될지도 모릅니다. 혹은 아이가 지루해하거나 좌절감을 느낄 수도 있습니다. (…)

교사의 마음가짐에 따라 아이의 활동을 얼마나 지지할지, 아이의 흥미를 얼마나 일깨울지가 결정됩니다. 활동을 지켜보는 교사의 시선에는 아이에 대한 지지와 활동에 대한 교사의 생각이 담겨 있습니다. 교사의 시선과 마음가짐에 따라 아이는 '자율적으로' 행동할 수 있는 사람으로 성장할 수도, 혹은 그렇지 못할 수도 있습니다.

흡수하는 정신에서 이해하는 정신으로

만 3세에서 6세의 아이는 흡수하는 정신을 이용해 주변 환경을 탐색합니다. 아이는 자기의 자리를 찾고 신뢰를 키웁니다. 이 시기에는 흡수하는 정신이 이해하는 정신으로 발달합니다. 따라서 아이는 세계를 이해하고, 나아가 우주를 이해하고 싶어 합니다. 아동기의 아이는 '왜?', '어떻게?', '언제?' 등을 끊임없이 질문하며 추론합니다. 아동기가 되면 엄청난 추론 능력을 키우게 되며 활동을 통해 추론 능력을 다집니다. 추상력도 매우 발달합니다. 이 시기의 아이는 물질적인 것에서 최대한 빨리 멀어지려고 합니다.

만 6세에서 12세의 아이는 다음과 같은 특징을 보입니다.

★ **사회성 발달**: 사회의 일원으로 성장합니다. 어른보다는 또래 친구와 어울리는 것을 좋아하고 가족 외의 사회생활을 더 원합니다. 친구와 함께하는 것을 좋아하고 집단생활을 즐깁니다.

★ **도덕성 발달**: 사회생활과 공동생활에 필요한 인식이 발달합니다. 정의감이 크게 발달하고 옳고 그름을 구분하려 합니다. 허용되는 행동과 그렇지 않은 행동에 대해 많이 묻습니다.

★ **상상력 발달**: 아이는 새로운 능력을 갖추게 됩니다. 보이지 않는 것이나 감각으로 직접 지각할 수 없는 것을 이해하고 파악할 수 있는 능력, 즉 상상력이 발달하지요. 이런 창의적인 능력 덕분에 추상적인 생각을 펼칠 수 있습니다. 여기서 말하

는 상상은 환상을 뜻하는 것이 아닙니다. 교사는 아이의 상상력을 이용해 좀 더 추상적인 내용을 학습시킬 수 있습니다.

★ 문화적 발달: 아이는 문화를 습득합니다. 이 시기는 아무런 한계 없이 문화적 씨앗을 뿌리기에 가장 좋습니다.

★ 지능 발달: 아이는 자신에게 맞는 방식으로 접하게 되는 모든 것에 관심을 갖습니다. 아이의 지적 능력은 우리가 생각하는 것보다 훨씬 더 많은 것을 받아들입니다.

몬테소리 초등학교에서는 '우주 교육'을 중심으로 수업이 이루어집니다. 우주 교육의 목적은 아이가 속한 사회, 즉 지구의 역사, 자기 나라의 역사, 자기가 사용하는 언어와 숫자의 역사 속에 아이가 포함되게 하는 것입니다. 아이는 자신을 둘러싼 동물, 식물을 포함하여 모든 것이 어떤 역할을 하는지, 무엇을 필요로 하는지 알고자 합니다. 그리고 여기서부터 주변 환경에 대한 존중이 이루어집니다. 아이가 지구, 언어, 수학의 역사적 구성원이 될 수 있도록 과거에 있었던 사건 중 우리가 감사해야 하는 일들에 대해 가르칩니다. 그리고 앞으로 이어져나갈 우리의 역사에 대한 책임감도 키워줍니다.

아이들은 지리, 생물, 역사, 지질학, 생태학, 수학, 국어 등 교과 활동을 하고 필요한 교구를 조작하며 배웁니다. 다양한 교과목의 학습 목표는 전인교육입니다. 교구를 조작하면서 판단하는 연습을 하고, 판단을 내리고, 차근차근 추상적인 사고를 발달시킵니다.

몬테소리 교육 목표 중 하나는 아이가 추론의 결과보다는 과정을 이해하게 하는 것입니다. 그리고 어원을 배우는 것이 적절하고 유용하다고 판단되면 어휘의 어원에 관해 설명합니다.

각 영역마다 아이가 개인적으로 혹은 그룹으로 연구력을 최대한 발휘하고 실험할 수 있게 돕습니다. 어떻게 연구하는지, 어떻게 그룹으로 작업하는지, 에세이나 보고서는 어떻게 쓰는지, 벽화는 어떻게 그리는지 등을 보여주지요. 예술적인 수작업이 필요할 때도 있습니다. 외부로 견학을 하러 가기도 하고 아이의 관심사에 따라 전문가를 만나게도 해줍니다. 일단 연구를 마치면, 반 친구들에게 그룹 발표를 하게 합니다. 그룹 연구와 발표 활동을 통해 아이들은 새로운 지식을 쌓고 자신감을 키우며 교실에는 활력이 더해집니다.

몬테소리 교실에서 이루어지는 연구의 목표는 **아이의 호기심과 흥미를 자극하고 자기 주변에서 감탄할 만한 거리를 찾게 하는** 것입니다. 이를 위해 교사는 질문을 던집니다. 그럼 아이들은 스스로 연구를 하며 답을 찾습니다. 특히 세상을 이해할 수 있도록 도움으로써 세상에 대한 존중이 중요하다는 사실을 일깨워줍니다. 이와 더불어 다른 사람과 협력하면 더 큰 힘을 얻을 수 있다는 사실을 이해함으로써 아이들 사이에는 상호존중의 분위기가 조성됩니다. 우리는 모두 서로가 필요하다는 사실을 일깨우는 것이지요.

몬테소리 초등학교 교실의 특징

아멜리 풀랭(Amélie Poulin), AMI 몬테소리 교사(3~12세) 이자 프랑스 몽트뢰이 소재 몬테소리 학교 교장

몬테소리 학교의 만 6~9세 과정에 들어가려면 만 3~6세 과정을 마쳐야 합니다. 만 6~9세 과정에는 일상생활 영역 활동과 감각 활동이 포함되지 않는데, 만 5세 아동은 아직 이러한 활동을 더 연습해야 할 필요가 있기 때문입니다.

만 6~9세 과정에서도 아이들은 다른 친구를 방해하지 않는 선에서 '내면의 이끌림'을 따라 지능, 사고, 집중력을 훈련하는 활동을 자유롭게 선택합니다. 초등과정에서는 아동에게 시간이 더 필요하므로 작업 시간이 길게 주어집니다. 작업 시간이 중단되거나 방해를 받지 않으므로 아이는 충분히 집중하고, 깊이 있게 탐색하고, 완벽하게 할 수 있을 때까지 반복할 수 있습니다.

조별 활동으로 진행되는 수업의 비중은 만 3~6세 교실보다 더 높습니다. 초등 교실은 이처럼 더욱 역동적으로 구성됩니다. 토론, 의견 교환, 논의를 통해 지식을 쌓습니다. 아동기의 아이들은 군집 본능이 생겨서 어떻게든지 또래 친구와 어울리려고 합니다. 따라서 아이들이 개별 활동, 사회 활동, 지식 습득 등 여러 활동을 할 때 건설적으로 집단을 이룰 수 있도록 해주는 것이 중요합니다.

교사는 아이들이 소그룹 활동을 하거나 개별 활동을 할 때 새로운 개념을 도입합니다. 아이는 연습을 통해 탐색하고, 반복하고, 탐구하며 배운 개념을 깊고 완벽하게 이해합니다. 교사는 아이들의 욕구에 따라 학습 활동을 재개하고, 아이의 학습 상황을 주의 깊게 살피며, 학습한 개념을 다시 표현합니다.

교실 안 작업은 다양한 형태로 이루어집니다. 교재와 교구를 사용하기도 하고 아무것도 사용하지 않기도 합니다. 읽기, 연구 활동, 수공예 작업, 그림 그리기, 설계도 고안 등의 다양한 작업을 합니다.

아이들의 나이는 다르지만 조화롭게 대그룹을 구성하므로 교실이 더 활력 있고 풍요로워집니다. 모든 아이가 자신의 흥미에 따라 각기 다른 선택을 하고, 다른 활동을 하며, 다른 재능을 지니고 있기 때문이지요. 아이 주도 학습의 원칙을 지키고 모두가 서로를 존중하기 때문에 교실의 조화와 균형이 유지됩니다.

> 교사는 아이들이 독립성, 집중력, 협동심, 노력, 끈기, 자신감, 자존감, 내면의 질서, 정신적 성숙 등 다양한 자질을 계발할 수 있도록 도와야 합니다.

우주 교육

'우주 교육'이라는 말이 낯설고 다소 촌스럽게 느껴질 수도 있습니다. 우주에 대한 지식을 칭하기 위해 20세기 초에 사용한 표현이라는 사실을 기억해주세요. 우주 교육은 우주를 질서 있는 체계로 보는 전체적인 관점을 제시합니다.

아이가 자신이 연구한 내용을 발표하려면 추론 능력과 상상력이 필요합니다. 발표 활동은 만 6~12세 교실에서만 이루어집니다. 왜냐하면 이 연령대의 특징에 적합한 활동이기 때문이지요. 아동기의 아이는 이 밖에도 다음과 같은 특징을 보입니다.

★ 감각으로 지각할 수 있는 범위를 넘어선 현실을 이해하기 위해 상상력을 발휘합니다.
★ 문화를 탐색합니다.
★ 추론합니다.
★ 양심과 도덕성이 발달합니다.

우주 교육은 전체에서 시작해서 세부적인 것을 보며 우주를 이해하는 열쇠를 제시하는 포괄적인 접근 방식입니다. 그리고 다른 요소들 사이의 상호의존적인 관계를 강조하지요. 우주 교육은 크게 인류에 대한 다섯 가지 이야기로 구성됩니다. 우주 교육의 이야기는 아이들의 상상력과 흥미를 일깨우고 감동을 줍니다. 각각의 이야기를 통해 아이들은 우선 폭넓은 시각을 키운 뒤, 각 역사의 세부적인 내용을 배웁니다.

우주 교육은 아이들이 마음껏 질문하고, 호기심을 일깨우고, 탐구하는 것을 장려하므로 학습 범위는 자발적으로 정해집니다. 우주 교육을 구성하는 이야기는 다음과 같습니다.

★ **우주의 이야기**: 연극이라는 우의적인 방식으로 우주의 역사를 보여줍니다. 우주를 구성하고 있는 다양한 요소가 형성된 과정을 되짚어봅니다. 우주 형성의 핵심에 관한 과학 실험과 연극을 통해 우주의 역사를 더욱 잘 이해할 수 있습니다. 모든 요소가 우주의 법칙을 따른다는 것이 우주 이야기의 주제입니다. 공기, 물, 고체가 어떻게 구성되는지를 배웁니다.

★ **생명 탄생의 이야기**: 식물과 동물의 등장에 관한 이야기이며, 마지막에는 인류가 등장합니다. 생명 탄생의 이야기는 두루마리처럼 생긴 이야기 족자를 이용하여 배웁니다.

★ **인류의 이야기**: 인류의 등장과 인류가 가진 새로운 능력에 관한 이야기입니다. 인간의 지능, 손을 쓸 줄 아는 능력, 사랑하는 능력에 관해서 이야기를 합니다.

★ **글자의 이야기**: 인류의 위대한 발명에 대해 알려줍니다. 부호를 이용한 의사소통에 관한 이야기입니다.

★ 마지막으로 **수의 이야기**로 이루어져 있습니다.

몬테소리 초등 과정의 첫해(만 6세)에 이 다섯 가지 이야기를 모두 가르칩니다. 그리고 초등 과정 내내 다양하고 더 깊이 있게 우주 교육을 반복합니다.

우주 교육은 아이들이 인류 사회에 속하는 즐거움을 느낄 수 있도록 인간의 역사에 관해 긍정적인 시각을 심어줍니다. 이러한 긍정적인 사고방식을 통해 아이들은 세상의 균형을 유지해야 한다는 생각을 하게 됩니다. 특히 옳고 그름을 구분하는 법을 배워야 하는 아동기에 큰 어려움 없이 분별력을 키울 수 있습니다.

이건 꼭 명심하세요!

몬테소리 교실의 특징

★ 몬테소리 교실은 질서정연하게 준비된 환경을 제공합니다. 아이의 신체 발달, 힘, 욕구, 민감기 등을 반영한, 아이에게 맞는 최적의 환경인 것이지요.

★ 몬테소리 교구

- 과학적으로 고안된 것이어야 합니다.
- 한 번에 하나의 개념을 익히는 것을 목표로 합니다.
- 감각을 발달시켜야 합니다.
- 아이의 체격과 힘에 맞아야 합니다.
- 미적으로 아름다워야 합니다.
- 아이가 스스로 오류를 정정할 수 있도록 교구 자체에 오류 정정 기능이 있어야 합니다.

★ 몬테소리 교사는 아이들을 관찰하고, 교구를 제시하고, 좋은 분위기를 유지하고, 아이 개개인의 발달을 돕는 역할을 합니다. 이를 위해 교사는 인내심을 가져야 하고 헌신해야 합니다. 또한 아이에게 활동을 유도하고, 아이의 목소리에 귀를 기울이고, 아이를 관찰하는 능력을 갖추어야 합니다.

몬테소리 교육,
그 이후는?

발레리 투즈(Valérie Touze),
AMI 몬테소리 교사(만 3~6세)

저는 파리 지역의 이중언어학교에서 몬테소리 교사로 8년 동안 근무했습니다. 제가 처음 일을 시작할 때 우리 학교에는 만 3세에서 6세 반만 있었고, 학생 수는 30명 남짓이었습니다. 그런데 지금은 만 11세까지 다니고 있고 학생 수는 50명가량입니다. 아이의 입학 상담을 위해 학교에 방문한 학부모들은 이런 질문을 가장 많이 합니다. "몬테소리 과정이 끝나고 일반 학교로 진학하면 아이들이 잘 적응할 수 있을까요? 어떻게 적응하나요?"

제가 몬테소리 교사로서 아이들을 가르치며 쌓은 경험도 있지만, 우리 몬테소리 학교에 아이들을 보낸 부모로서 이 질문에 자신 있게 답할 수 있습니다. 예전에는 초등 과정이 없었기 때문에 저희 첫째 아들과 둘째 아들은 일반 초등학교에 입학하기 전에 유치부 과정만을 3년씩 다녔습니다.

몬테소리 학교를 졸업하고 일반 학교에 가게 되면 '마음대로 할 수 있는' 환경에서 '온종일 교사의 지시를 따라야 하고 정해진 자리에 앉아 있어야 하는' 환경으로 바뀌는데, 학부모는 이러한 변화를 아이들이 잘 견디고 적응할 수 있는지를 가장 걱정하지요.

우선 유치원 마지막 학년(만 5세 반)에서 초등학교 1학년으로 바뀌는 과정이 매우 중요한 단계라는 사실을 분명히 알아두어야 합니다. 만 5세까지는 공동작업을 많이 하지만, 초등학교 1학년이 되면 개인별로 해야 하는 일이 많습니다. 몬테소리 교실에서는 아이가 책상에 앉는 것을 싫어하더라도, 자리에 앉아서 자기가 선택한 활동을 집중해서 하는 데 익숙합니다. 아이가 자랄수록 집중력이 커지고 더 오랫동안 자리에 앉아 있을 수 있습니다. 그런 점에서 볼 때 몬테소리 유치원에 다녔던 아이들이 초등학교에 입학할 준비가 더 잘되어 있다고 할 수 있겠지요. 어쨌든 초등학교 1학년 선생님들은 아이들이 입학하기 전에 오랫동안 자리에 앉는 습관을 아직 들이지 못했다는 사실을 충분히 알고 있습니다. 그래서 아이들의 집중력에 따라 자리에 앉는 시간을 늘려가지요.

몬테소리 교실과 일반 학교의 가장 큰 차이점은 학습 활동의 주도권이 어디에 있느냐는 것입니다. 몬테소리 교실에서는 학습 활동의 주도권이 아이에게 있습니다. 교사가 이끌어줄 때도 아이는 자유롭게 스스로 작업을 선택합니다. 한 가지 활동을 마치면 다른 활동으로 넘어갈 수 있습니다. 반면에 일반 학교에서는 학습 진도가 일정합니다. 그래서 학습 속도가 빠르면 수업을 지루하게 느낄 수가 있고, 반대로 진도가 빠르면 수업을 어려워할 수 있습니다. 하지만 이것은 몬테소리 유치원 출신의 아이만 경험하는 것이 아니라 모든 아이들이 겪는 문제입니다.

몬테소리 교육을 받은 아이들은 적응력이 좋고 자율적입니다. 일반적으로 교사들은 수업 내용을 빨리 마친 아이들을 위해 보충 학습 활동을 마련해두기도 합니다. 저희 둘째 아들은 다른 아이들보다 학습 속도가 조금 빨랐는데, 교과 활동을 마치고 남은 시간은 친구를 사귀는 데 썼습니다. 같은 반 친구 대부분은 유치원 시절부터 서로 알고 지냈지만, 우리 아이는 새로 친구들을 사귀어야 했기 때문에 오히려 다행이었지요. 그리고 학습에서 조금 앞서나간 덕분에 아이는 자신감을 얻기도 했습니다.

결론을 말하면 저희 첫째 아들은 이제 중학교 1학년이고 둘째는 5학년이 되었는데 두 아이 모두 몬테소리 유치원에서 쌓은 추억을 매우 소중하게 간직하고 있습니다. 그리고 저는 아이들이 몬테소리 유치원에서 학습한 감각 경험들이 각인되어 남아 있다고 생각합니다. 몬테소리 교실에서 구체적으로 습득한 개념들이 나중에 아이들에게 필요한 학습 기초를 탄탄하게 만들어주었기 때문입니다. 아이들의 자신감 넘치는 모습 또한 몬테소리 교육의 장점임을 몸소 증명한 셈이지요.

"아이에 대한 신뢰는 아이가 세상에 대한
신뢰를 키울 수 있게 도와주는
가장 아름다운 선물입니다."

5

집에서 실천하는
몬테소리 교육법

몬테소리 교육을 집에서 실천하려면 무엇보다 아이를 바라보는 시선에 변화가 필요합니다. 어떤 교구를 사용하느냐보다 어떤 마음가짐을 갖느냐가 더 중요하다는 말이지요.

마음가짐

> **"아이의 교육을 위해 준비한다는 것은 자기 자신을 공부한다는 뜻이다. 다른 사람의 삶을 도울 수 있는 사람이 될 준비를 하는 것은 단순히 지적으로 준비하는 것 이상이 필요하다. 인격적으로, 영적으로 준비가 되어야 한다는 뜻이다."**
>
> 마리아 몬테소리, 『흡수하는 정신』

몬테소리 교육에서 교육자가 해야 하는 가장 중요한 일은 아이를 돕는 것을 최우선 목표로 삼고, 아이를 대하는 태도를 바꾸는 것입니다.

몬테소리 교육자의 마음가짐은 크게 네 가지로 요약할 수 있습니다. 아이를 믿고, 아이를 존중하고, 아이의 발달단계를 따라가며 발달을 도울 수 있는 환경을 제공하는 것입니다.

신뢰는 가장 아름다운 선물

아이에 대한 신뢰는 아이가 세상에 대한 신뢰를 키울 수 있게 도와주는 가장 아름다운 선물입니다. 신뢰를 키우는 것은 믿는 것을 뜻합니다. 아이는 자연스럽게 성장에 필요한 것에 끌립니다. 바로 자신에 대한 믿음을 원하지요. 몬테소리는 다양한 활동 기회가 주어지는 건강한 환경 속에서 아이가 자유롭게 성장하게 해야 한다고 주장했습니다.

집 안에 있는 모든 물건을 아이의 손이 닿지 않는 곳에 올려놓을 필요가 없습니다. 물론 아주 깨지기 쉽거나 위험한 것은 치워야겠지요. 그보다는 아이에게 집 안 물건들에 대해 어디에 쓰는 것인지 알려주는 것이 좋습니다. 그리고 아이가 사용할 수 있고 사용해도 괜찮은 물건이라면 사용법을 정확한 동작으로 보여주고 간단하게 설명해주세요.

아이에게 이렇게 '시범'을 보이는 것은 몬테소리 교사가 교실에서 아이들에게 새로운 활동을 도입할 때 '시범'을 보여주는 것과 같습니다. 물건을 어떻게 사용하는지 아이에게 직접 보여주면서 물건의 올바른 사용법과 집 안의 규칙을 알려줍니다. 이 과정에서 신뢰가 자라납니다. 서로에 대한 믿음이 싹트는 것이지요. 우리는 아이에 대한 믿음을 보여주고, 우리의 신뢰를 바탕으로 아이는 자기 자신을 믿게 됩니다.

위험 요소가 없는 공간을 만들고 그 너머의 바깥세상은 위험투

성이라고 여기며 아이를 작은 공간 안에 가두는 대신 아이를 믿고, 위험성에 대해 알려주고, 자신감을 키워주는 편이 훨씬 안심이 되지 않을까요? 물론 베이비룸이나 안전울타리가 필요할 때도 있습니다.

하지만 이것이 습관이 되어서는 안 됩니다. 아이에게 위험하지도 않고 배울 것도 없는 울타리 안에 아이를 가두는 손쉬운 방법을 사용해서는 안 됩니다. 계단이 있는 집이라면 계단에 안전문을 설치하더라도 아이가 계단을 오르내리는 연습을 하도록 두어야 합니다. 아이가 배우는 데 시간이 걸리겠지만 필요한 과정이며 언젠가는 자연스럽게 익히게 됩니다. 마치 놀이터에서 미끄럼틀 계단을 오르내리는 놀이를 하는 것처럼 말이지요.

아이가 계단을 한 걸음 한 걸음 오르면 인내심을 가지고 지켜보세요. 필요할 때 아이를 붙잡을 수 있도록 준비하되, 아이가 우리가 지켜보고 있다는 사실을 느끼지 못하도록 어느 정도 거리를 둡니다.

전기 콘센트를 안전장치로 막거나 테이블 모서리에 보호대를 붙이는 등 아이가 위험을 모르게 하기보다는 왜 위험한지, 자신을 보호하기 위해 어떻게 해야 위험을 피할 수 있는지를 알려주는 것이 좋습니다. 아이가 위험을 이해하게 하는 동시에 아이를 믿어야 합니다. 예를 들면 아이가 시도 때도 없이 높은 곳으로 기어오르려고 한다면, 아이는 지금 움직임에 대한 민감기를 겪는 중이고, 그래서 끊임없이 탐색하고 움직이려 합니다. 그럴 때는 아이에게 경고하거나 행동을 막는 대신 한 걸음 떨어져 지켜보세요. 어쩌면 아이가 능숙하게 움직일 수도 있습니다.

아이가 자신의 원대한 계획을 실현하는 것을 방해하지 않으면서 아이를 지켜보고 돌볼 수 있습니다. 아이는 자신을 믿고 있습니다. 우리도 아이를 믿어야 합니다. 아이는 자신 앞에 닥친 어려움을 극복하고 자존감을 성취하고 있습니다. 가능성의 한계를 뛰어넘고 있습니다. '나는 할 수 있어. 나는 성공하고 있어. 나는 올라가는 게 좋아'라고 생각하며 말이지요.

우리는 아이가 기어오르는 모습을 보면 깜짝 놀라서 아이를 말립니다. 우리의 불안한 외침 때문에 그동안 아이가 얼마나

많이 신뢰를 잃었을까요? 그래요, 그러다가 아이는 넘어지거나 떨어질 거예요. 우리가 "그러다 넘어질라!"라고 말할 때 말이지요.

아이가 스스로 정한 도전과제를 해낼 수 있도록 지켜봐주는 것이 중요하다는 사실을 잊지 말아야 합니다. 그 도전이 너무 어려워 보이거나 아무런 쓸모가 없어 보여도 말이지요. 아이는 잘 걷게 되면 점점 더 어렵고 힘든 일을 하기 시작합니다. 몬테소리는 이를 '최대한의 노력'이라고 표현했습니다. **아이는 자신의 한계를 알고 더 밀어붙이기 위해 자기 자신을 시험하고자 하는 경향이 있습니다.** 무거운 물건을 들거나, 먼 거리를 걷거나, 가구를 옮기려 하는 것처럼요.

이러한 활동을 통해 신체를 단련할 뿐만 아니라 정신력도 키웁니다. 왜냐하면 힘이 드는 일을 성공적으로 해내고 자기 자신을 이해하게 되면서 자존감과 자신감을 키우기 때문입니다. 그러니까 부모가 너무 빨리 개입하는 것을 자제해야 합니다. 아이를 돕고자 하는 좋은 의도에도 불구하고 아이가 할 일을 부모가 대신한다면 아이의 도약을 방해할 수도 있습니다.

아이가 원하는 것은 자신이 하는 도전의 결과가 아니라 그 과정을 통해 자기 자신을 훈련하는 것입니다. 예를 들면 아이가 의자를 옮길 때는 의자를 어느 위치로 옮기느냐가 중요한 것이 아니라 크고 무거운 의자를 혼자 힘으로 움직이면서 자신이 환경에 영향을 미칠 수 있다는 것을 증명하고자 합니다. 아이가 혼자 움직이는 모습을 관찰해보세요! 아이는 자신의 노력이 결실을 이룬다는 확신을 얻게 되고 노력의 즐거움과 끈기를 배우게 됩니다.

물론 시간이 걸립니다. 하지만 우리가 아이에게 시간을 쏟는 것은 아이에게 해줄 수 있는 가장 아름다운 선물 중 하나입니다. 여러분은 아이와 함께 있을 때 어떻게 하나요? 아이가 뭔가 하고 있을 때 성급하게 나서서 도와주지는 않나요? 가만히 있으라고, 그러니까 결국 수동적으로 있게 텔레비전을 틀어주거나 휴대전화를 쥐여주지는 않나요? 만약 그렇다면 아이와 함께 있다고 말할 수 없습니다. 아이와 함께 있다는 것은 아이와 맺는 관계 안에 존재하는 것입니다.

아이를 안전하게 보호하는 것은 부모의 의무입니다. 하지만 아이를 지키려다가 아이의 내면을 해치기도 하지요. 사실 내면의 안전은 매우 중요한 삶의 기본 요소입니다. 부모는 좋은 의도를 가지고 노력하지만, 아이 내면의 안전을 파괴하고 부정적인 영향을 주기도 합니다. 이런 '생채기'가 쌓일수록 발달에 영향을 미칩니다. 아이가 움직일 때, 위험한 행동을 할 때, 하던 활동을 마저 끝내려고 할 때, 자기 생각을 표현하려 할 때 자꾸 막아서면 발달을 방해할 수 있습니다. 아이의 발달 과정에 생기는 문제는 아이에 대한 존중이 부족했다는 것을 보여주는 증거입니다.

이런 식으로 부모가 자신의 우월감을 뽐내는 동안 아이의 자신감에는 가혹한 상처가 남습니다. "넌 그냥 어린아이잖아"와 같은 말을 입 밖으로 꺼내지만 않을 뿐 부모의 태도로 인해 아이는 열등감과 무능력과 무력감을 느낍니다.

사회화

몬테소리 교실에서는 아이들 각자가 원하는 활동을 선택해서 하는데 어떻게 사회성을 키울 수 있나요?

많은 사람이 몬테소리 교실에서는 사회화가 어떻게 이루어지는지 궁금해합니다. 그런데 한 교실 안에서 같은 활동을 하는 것만으로는 사회화가 이루어지지 않습니다. 아이들 모두가 소속감을 느끼고 자신과 집단을 동일시하면 그때야 비로소 사회적 통합이 이루어집니다. 그렇게 되면 각자가 서로를 인식하게 되지요. 모두가 자신이 반 친구들과 상호의존적인 관계를 맺고 있다는 사실을 깨닫게 됩니다. 그리고 개개인의 행동이 반 전체에 영향을 미친다는 사실도 알게 되지요.

이렇게 되려면 아이들 모두가 집단에 통합되어야 하고 교실 안의 규칙을 잘 따라야 합니다. 몬테소리 교실은 삶의 공간이자 교류의 장소이기 때문에 아이들의 사회화는 매우 다양한 방식으로, 그리고 자발적으로 이루어집니다.

발달단계에 맞춰 혼합 연령으로 교실을 구성하면 아이들 사이의 교류가 더 활발하게 이루어집니다. 왜냐하면 아이들이 비슷한 시기에 동일한 민감기를 거치기 때문이지요. 아이들은 같은 발달단계에 있으므로 욕구와 필요도 비슷하거나 똑같습니다. 몬테소리 교실에서는 평가하지 않고 경쟁시키지 않기 때문에 협동정신이 자랍니다. 큰아이들이 어린아이들을 돕습니다. 아이들은 모든 교구가 한 세트씩만 있다는 것을 잘 알기 때문에 협동정신을 발휘하려 합니다. 교구를 사용할 차례를 계획하고, 기다리고, 다른 아이가 하는 활동을 배려하는 것이지요. 다른 아이의 활동과 자신이 계획한 활동을 타협해야 하기 때문입니다.

이러한 과정에서 아이들은 관찰하고 대화를 하며 합의점을 찾는 연습을 합니다. 아이들이 직접 교실 환경을 돌보면서 소속감을 키웁니다(교실 정리하기, 간식 준비하기, 식물 돌보기 등). 단체 활동을 하면서 아이들 사이의 연결고리가 더욱 튼튼해집니다. 6세가 되면 아이는 사회적으로 새로 태어납니다. 타인에 눈을 뜨게 되지요. 평화로운 대화를 통해 갈등을 해결함으로써 집단의 결속력은 더욱 강해집니다. 바로 이것이 몬테소리 교실에서 평화를 교육하는 방법입니다.

유명한 산악인 카트린 데스티벨(Catherine Destivelle)의 도전을 다룬 다큐멘터리 〈더 다큐-비욘드 더 서밋츠〉에서 그녀의 말 한마디가 제 가슴을 울렸습니다. 파리에 살던 그녀가 어떻게 세계 최고의 클라이머가 될 수 있었느냐는 질문에 그녀는 자유로운 교육 덕분이라고 답했습니다.

"아무도 말리지 않았어요. 저희 부모님은 위험하니까 산에 오르지 말라는 말을 한 번도 한 적이 없었지요. 다른 아이들은 너무 어려서, 혹은 다칠까 봐 걱정돼서 부모가 못 하게 하는 것들이 많았어요. 그러나 저는 어렸을 때부터 그런 것들을 하면서 자랐어요."

한마디로 그녀의 부모는 그녀를 신뢰했던 것입니다. 데스티벨의 성공 신화는 신뢰가 얼마나 중요한지를 잘 보여줍니다. 이렇듯 아이가 스스로 정한 도전을 존중하고 용기를 북돋아주면서 노력의 의미를 가르치는 것이 바람직합니다.

아이가 넘어지면 꾸짖기보다는 다시 시도할 수 있도록 돕고 용기를 주는 것이 어떨까요? 늘 아이를 믿고 또 믿어야 합니다. "다시는 너를 믿을 수 없겠구나"라는 말이나 비슷한 의미의 다른 말을 아이에게 절대로 하지 않아야 합니다. 이런 말은 아이의 행동을 꾸짖는 것이 아니라 아이를 비난하는 것이며, 아이의 희망을 꺾기 때문입니다. 아이의 행동을 지적하려면 "그렇게 행동하는 것은 엄마와 아빠의 믿음을 저버리는 거야"라고 말하는 편이 좋습니다.

아이가 잘못된 행동을 하면 나쁘다거나 못됐다고 하기보다는 행동 중 어느 부분이 잘못되었는지를 설명해주어야 합니다. "네가 한 행동은 나빠"라는 말과 "너는 나쁜 아이야"라는 말이 지니는 부정적인 가치는 다릅니다. 후자는 아이를 나쁜 행동 속에 가두고, 아이에게 오래가는 낙인을 찍는 것과 다름없습니다. '너'를 주어로 사용하여 아이를 직접 비난하지 말고, 마음에 들지 않는 행동을 설명해주세요. '너'에게 화살을 돌리는 대화법은 상대방에게 상처를 줍니다. 설령 욕이나 심한 말을 하지 않아도 말이지요.

아이는 어른을 모방하고 싶어 합니다. 아이에게 장난감을 덜 주면 아이는 금세 어른이 하는 행동에 관심을 돌립니다. 어느 날 아이가 그릇을 씻으려고 하고, 다음 날에는 과일의 껍질을 벗기려 할 것이며, 그다음 날에는 세탁기에서 빨래를 꺼내려고 할 수도 있습니다.

하지만 아이에게 돌아오는 대답은 "안 돼, 넌 아직 어리잖니"나 "나중에 더 크면 그때 하렴"과 같은 말입니다. 아이가 더 자라면 그때는 분명 이런 일에 관심을 갖지 않을 것입니다. 민감기가 지났기 때문에 자발적으로 하는 법을 배우지 못하지요. 이럴 때는 아이에게 직접 해보게 합니다. 그럼 아이는 곧 혼자서도 할 수 있게 됩니다. 물론 시간이 걸리고 지저분해질 수도 있으며 물건이 부서질 수도 있습니다. 하지만 아이가 일부러 물건을 부수는 일은 거의 없습니다.

아이가 배우고자 하는 욕구를 아주 어릴 때부터 지켜주어야 합니다. 아이가 자라면 적절한 시기가 지나가버립니다. 아이는 '직접' 하면서 주변 환경에 대한 애정과 신뢰를 쌓습니다.

아이에게 성공의 기회를 주고, 성취의 즐거움을 느끼게 해주고, 우리가 아이에게 느끼는 자부심을 표현하고, 아이가 자율성을 발달시킬 수 있도록 돕는 것은 아이가 자존감을 키울 수 있는 토대를 마련해주는 것입니다. 아동기에 자리 잡는 내면의 열등감은 평생 지속됩니다. 아이가 열등감을 갖지 않도록 신경 써야 합니다.

주변 사람들이 자신을 있는 그대로 조건 없이 사랑해준다고 느끼면 아이는 스스로를 믿습니다. 자신에게 만족하려면 스스로를 받아들여야 합니다. 그렇게 하려면 자기가 완벽하지 않을 때도 주변 사람들이 나를 받아들여 준다는 확신이 있어야 하지요. 그리고 모든 사람의 마음에 들 수는 없다는 사실도 인정해야 합니다.

학습에 대한 도움

학습에 어려움을 겪는 아이를 도우려면 우선 아이의 성적을 받아들여야 합니다

마리아 몬테소리가 말한 것처럼 부모는 아이가 필요로 할 때 곁에 있어주고 아이에게 안정감을 주어야 합니다. 그러나 부모의 존재감이 지나쳐서 아이를 침범하지 않도록 해야 합니다. 아이의 성적은 부모 자신의 성적이 아니라는 사실을 염두에 두어야 합니다. 아이의 숙제를 돕고 학습에 많이 개입할수록 이런 사실을 받아들이는 게 힘듭니다.

아이를 돕는 것은 바람직하지만 그 정도가 중요합니다. 아이의 학습을 돕는다는 것은 아이가 할 일을 대신 해주는 것을 뜻하지 않습니다. 아이는 궁금한 것이 있을 때 부모님이나 선생님이 언제든지 대답해줄 수 있는지 알고 싶어 합니다. 그렇다고 해서 학습 활동을 하는 내내 아이를 감독하거나, 숙제를 시작해서 마칠 때까지 하나하나 알려주며 아이 옆을 지키고 앉아 있을 필요는 없습니다. 그렇게 하면 아이의 의존도가 높아져서 자율적인 학습을 방해할 수 있습니다. 그리고 아이가 스스로 학습 동기를 느낄 수 없습니다.

몬테소리의 주장처럼 아이에게 우리가 필요할 때 바로 도움을 줄 수 있는지, 그래서 아이에게 안정감을 줄 수 있는지, 다시 말해 가용성이 핵심이라고 할 수 있습니다. 부모는 지나치게 아이의 학습에 끼어들지 말아야 합니다.

아이가 성적표를 받아오면 부모는 아이에게 성적표를 읽어주기보다는 아이가 직접 보고 내용을 말할 수 있게 하는 것이 좋습니다. 스스로 성적표를 보면서 자신의 성적에 대해 더 잘 인식할 수 있게 말이지요. 아이의 성적은 '본인'이 한 일이자 '자기' 노력의 결과입니다. 그러나 성적은 절대로 아이를 비추는 거울이라고 할 수 없습니다. 성적은 상대적으로 생각해야 합니다. 아이는 성적이 좋으면 만족하고, 성적이 좋지 않으면 실망합니다. 우리도 마찬가지이지요. 아이가 느끼는 자부심 혹은 실망을 공감합니다. 하지만 학습을 주도하는 것은 아이입니다. 공부를 하는 이유는 자기 자신을 위해서이지, 부모나 교사를 기쁘게 하기 위한 것이 아니라는 사실을 아이가 스스로 깨달아야 합니다.

아이는 자신의 미래를 위해 배웁니다. 배움을 통해 자기 자신을 구축하지요. 아이가 다른 사람을 기쁘게 하거나 보상을 받기 위해 좋은 점수를 목표로 하지 않고, 그저 배우는 게 재밌고 좋아서 공부하는 것이 가장 이상적입니다. 외적 보상을 추구하는 것은 자연스러운 동기부여를 가로막습니다. 사실 아이들은 모두 성공하는 것을 좋아합니다. 아이가 좋은 성적을 냈다고 해서 지나치게 축하하거나 넘치게 보상을 해준다면 다른 사람을 기쁘게 하려고 노력하는 만큼 자기만족을 추구하지는 않을 것입니다. 아이의 자발적인 도약의 방향이 틀어지게 되지요.

물론 모든 동기를 잃어버린 아이는 다른 사람에게 격려를 받아야 할 필요가 있습니다. 하지만 자기 자신을 위해 발전하도록 아이를 격려해야 합니다. 중요한 것은 자기 자신의 성장을 위해 공부해야 한다는 것입니다. 만약 아이가 지능적인 부분이나 학습 방법과 관련하여 정말로 어려움을 겪고 있다면 처벌보다는 도움을 주어야 합니다. 아이가 자전거를 타다가 넘어질까 봐 페달에서 발을 뗀다면 아이의 탓을 하는 대신 도와주어야 합니다. 한 번에 하나의 문제에 집중하여 아이가 어려움에 좌절하지 않고 성공할 수 있도록 이끌어주는 것이 좋습니다. 아이가 겪는 여러 가지 어려움을 개별적으로 다루어야 합니다.

아이가 신뢰감을 쌓도록 돕는 것은 앞서 언급한 자기 오류 정정과 자기 훈육을 돕는 것입니다.

만약 아이가 자기 오류 정정 기능이 없는 활동을 하다가 실수를 하거나 오류를 범하면 문제가 되는 부분을 손가락으로 짚어 가리키는 대신 아이에게 질문을 던짐으로써 스스로 문제를 파악하도록 유도할 수 있습니다. 예를 들면 아이가 "주말이 되면 친구를 만났어요"라고 썼다면 "친구를 언제 만날 거야?"라고 물어볼 수 있습니다. 이렇게 질문을 하면 아이는 스스로 생각해보고 틀린 부분을 바로잡게 됩니다. 이는 아이에게 "'만났어요'가 아니라 '만날 거예요'라고 해야지!"라고 알려주거나, "미래형을 또 잊어버린 거야? 왜 이렇게 덤벙대니!"라고 비난하는 것보다 아이에게 훨씬 도움이 되지요. 아이에게 자신감을 심어주고, 성공할 수 있는 상황을 만들어주세요.

아이의 장점을 발견합니다.

심한 지적은 삼가고 자신의 실패를 마주했을 때 어려움을 겪는 아이의 감정을 헤아려주는 것이 바람직합니다. 아이에게 공감하며 대화를 나누다 보면 아이 스스로 개선할 방법을 찾을 수도 있습니다. 스스로의 문제를 해결할 방법은 바로 자기 자신에게 있지요. 아이가 실패를 도약의 발판이자 성공을 위해 필요한 단계로 여길 수 있도록 도와주는 것이 좋습니다.

존중받는 아이가 존중하는 법을 안다

아이가 낯선 사람에게 예절을 갖추는 것만큼이나 가까운 사람에게도 예의 있게 행동하도록 가르쳐야 합니다. 가까운 사람보다 모르는 사람을 더 귀하게 대접해야 할 특별한 이유는 없습니다. 부모도 아이를 정중하게 대해야 합니다. 부모가 할 수 있는 최선의 모습을 보여주어야 합니다. 아이에게 예의를 갖추는 것은 예절의 본보기를 보여주는 가장 좋은 방법입니다. 부모가 아이를 존중하면 아이는 스스로를 존중하며 타인과 주변 환경을 존중하는 법을 배웁니다.

예절 가르치기

아이가 컵을 깨뜨리는 실수를 하면 우리는 아이를 꾸짖습니다. 아이를 탓하지요. 누구든 컵을 깨는 실수를 할 수 있습니다. 그런데 왜 아이에게만 죄의식을 느끼게 하는 걸까요? 아이는 아직 손놀림을 충분히 연습하지 못했는데 말이지요.

　　만약 아이가 많이 어리지 않다면 우리가 무엇인가를 깨뜨리고 치우는 것처럼 아이에게 깨진 유리 조각을 어떻게 치워야 하는지를 보여주세요. 아이가 스스로 수습할 기회도 주지 않으면서 질책한다면 자신감을 저해하고 열등감을 심어주게 됩니다. 아이는 아직 배워야 할 게 많을 뿐 열등한 존재는 아닙니다.

　　몬테소리는 저서 『어린이의 비밀』에서 "부모의 권위라는 허울에 가려져 아이의 인격이 서서히 말살당한다. 어른은 아이가 컵을 들고 움직이는 것을 보면 아이가 컵을 깨뜨릴지도 모른다는 생각에 불안해한다. (…) 집에 온 손님이 컵을 깨면 싼 물건이고 중요한 물건이 아니라며 손님을 달랜다. (…) 그래서 아이는 다른 사람들보다 자신이 특히 열등하다는 감정을 (…) 느끼게 된다"라고 서술했습니다.

　　아이에게도 융통성 있는 모습을 보여주는 것이 중요합니다. 우리는 손님은 엄격하게 대하지 않습니다. 그런 태도로 아이를 대해야 합니다. 아이를 우리의 손님처럼 존중해야 합니다. 자신이 존중받는

다고 느끼는 아이가 다른 사람을 존중할 수 있기 때문입니다. 그리고 아이에게 화를 낸 것이 후회된다면 망설이지 말고 아이에게 용서를 구하세요. 마치 우리가 굴복할 수 없는 존재인 것처럼 굴 필요는 없습니다. 아이에게 사과하는 모습을 보여주세요. 프랑수아즈 돌토는 침묵이 폭력을 강화한다고 주장했습니다. 아이에게 미안하다고 말한다고 해서 부모의 권위에 문제가 생기는 것은 아닙니다. 오히려 사과의 한마디가 다시 대화의 물꼬를 터주기 때문에 신뢰와 존중을 바탕으로 부모의 권위를 다시 세울 수 있습니다.

폭력에 맞서기

이와 마찬가지로 아이를 때리는 것은 힘과 우월성을 증명할 뿐 어른으로서의 권위를 전혀 보여줄 수 없습니다. 만약 집에 초대한 손님이 약한 철제의자에 발을 올린다거나 앉아서 몸을 까닥거리거나, 혹은 전혀 예상하지 못한 행동을 한다면 체벌을 가할 건가요? 아이를 때리는 행위는 타인에게 아이의 신체를 마음대로 할 권리가 있으며, 아이의 신체는 존중받을 수 없다고 말하는 것과 같습니다.

체벌을 받는 아이는 스스로를 존중하지 않고 자신은 존중받을 자격이 없다고 느낄 수도 있습니다. 체벌은 폭력이 일종의 대화 방법 또는 문제를 해결하는 방법이 될 수 있다는 예시를 보여주는 것입니다. 아이에게 잘못된 가치관을 심어줄 수도 있습니다. '사랑은 아프게 하는 거야. 이게 날 위한 거'라고 어른들이 얘기했으니까. 가장 힘이 센 사람은 가장 약한 사람을 돕기 위해 때릴 수 있어. 폭력은 당연한 거야'라고 생각할 수도 있습니다.

성인에게 폭력을 가하는 것은 오래전부터 금지되었습니다. 그런데 아이는 어른이 잘못을 바로잡기 위해 주먹을 휘둘러도 되는 열등한 존재인 걸까요? 15개 이상의 유럽 국가와 뉴질랜드, 그리고 전세계 몇몇 국가에서 교육적 체벌을 법으로 금지하고 있습니다.[5] 프랑스에서도 체벌 금지에 대한 논의가 이루어지고 있습니다.

하지만 어린 시절 '사랑의 매'를 맞고 자랐기 때문에 아직도 잘못하면 매로 다스려야 한다는 생각이 머릿속에 박혀 있는 사람들도 있습니다. 체벌을 지지하는 사람들은 '체벌로 인해 트라우마가 생기지는 않는다'라고 주장합니다. 하지만 그것은 사실과 다릅니다. 어떤 경우에도 체벌은 흔적을 남깁니다.

교육적 체벌 방식에 문제를 제기하다 보면 우리가 받았던 교육을 다시 짚어보게 됩니다. 과거의 교육이 모두 잘못되었다고 단언하기는 어렵습니다. 하지만 공포감을 조성하여 복종하게 만드는 권위는 철폐해야 합니다. 이러한 권위는 아이의 자존감과 자신감을 훼손하며, 특히 어릴수록 두려움에 취약하기 때문입니다. 그리고 아이의 신체를 때리는 것만큼 아이에게 소리를 지르는 것도 고통을 준다는 사실을 명심해야 합니다.

---

5 교육적체벌감시기구(Observatoire de la violence éducative ordinaire, http://www.oveo.org) 참고.

한계 정하기

체벌을 하지 않는다고 해서 아이가 무엇이든 하게 내버려둔다는 것은 아닙니다. 아이도 하나의 인격체이지만 성인과는 다릅니다. 아직은 혼자서 모든 것을 선택할 수 없습니다. 한계를 정할 때는 어른의 권위가 필요합니다. 그러나 아이에게 한계에 대해 알려줄 때는 협박이나 고통에 대한 두려움에 기대서는 안 됩니다.

부모나 교사는 계획에 따라 아이의 학습 목표를 정하고 그 목표가 달성되지 않았을 때 화를 냅니다. 사실 학습 목표를 어른이 정해버리면 정작 그 목표를 달성해야 하는 아이가 받아들이지 못하는 경우가 많아서 이런 상황이 더욱 빈번하게 발생합니다.

이제 이렇게 일방적으로 학습 계획을 세우는 것을 그만두는 게 어떨까요? 아이 스스로 학습 목표를 정하는 자연스러운 학습 과정으로 바꿔보는 게 좋지 않을까요?

이렇게 하면 대부분의 아이가 자신이 세운 목표를 달성합니다. 설령 목표를 달성하지 못하더라도 아이는 자기 자신에게 실망할 뿐 다른 사람에게 꾸중을 듣거나 혼나면서 굴욕감을 느끼지 않아도 됩니다. 그리고 아이가 느끼는 실망감은 오히려 목표 달성을 위해 학습 활동을 다시 시작하게 하는 힘이 됩니다. 스스로 동기부여를 하는 것이지요.

그에 반해 처벌, 심지어 가벼운 질책마저도 아이의 자발적인 학습 의지를 꺾어버립니다. 우리가 모든 것을 통제하려는 마음을 버리면 개입은 줄어들고, 아이에 대한 신뢰는 더 커집니다. 아이의 인격을 존중해주어야 합니다.

몬테소리 교육은 처벌과 보상에 찬성하지 않습니다. 두 방법 모두 아이를 불필요하게 외부 요인에 의존하게 만들기 때문이지요. 아이의 잘못된 행동을 다루는 이상적인 방법은 소통입니다. 아이의 이야기를 듣고 대화로 해결하는 것이지요. 하지만 아이의 행동이 지나치면 넘지 말아야 할 선을 분명하게 해두는 것이 중요합니다.

저는 아이가 어느 정도 자라고 나서는 아이가 잘못하면 일시적으로 고립시킴으로써 지켜야 할 한계를 명확하게 알려주었습니다. 아이가 한계를 벗어나면 사회의 시민으로서 살 수 없다는 사실을 주지시켜야 합니다. 그래서 길게 설명하지 않고 일정 시간 동안 아이를 혼자 두는 것입니다. 아이가 버림을 받았다거나 거부당했다고 느끼게 하는 것이 아니라, 짧은 시간 동안 고립감을 느끼게 하는 것입니다. 다시 말해 특정 장소를 정해 아이가 잘못할 때마다 그곳으로 가게 해서, 마치 그 장소를 감옥처럼 느끼게 하는 것은 좋지 않습니다. 이때 침대나 아이의 방은 고립 장소로 적당하지 않습니다. 수면 장애로 이어질 수도 있기 때문입니다.

아이를 잠시 고립시키는 것은 불안감이나 고독감을 느끼게 하려는 것이 아닙니다. 따라서 아이를 잠시 고립시킨다고 해서 문을 꼭 닫아둘 필요는 없습니다. 아이가 '놀이의 규칙을 지키면 계속 놀 수 있고, 규칙을 어기면 더 놀 수 없는 상황'을 받아들이게 해야 합니다.

또래 친구들과 함께 있는 상황에서 아이를 잠시 고립시켜야 한다면 다른 친구들 옆에 혼자 있게 두는 것도 괜찮습니다.

아이에게 해도 되는 일과 해서는 안 되는 일을 미리 알려주지 않았다면, 아이가 잘못된 행동을 했다고 하더라도 꾸짖어서는 안 됩니다. 그렇게 하는 것은 공정하지 않습니다. 규칙을 명확히 정하고 아이에게 미리 알려주고 충분히 설명해야 합니다.

갈등을 줄이기 위해서는 아이에게 미리 규칙을 알려주면서 상황을 예측할 수 있게 하는 습관을 들이는 것이 좋습니다. 규칙을 차분하지만 단호하게 정하고 이를 알려주면, 지시 사항을 명령하는 것보다 더 쉽게 규칙을 이해합니다. 일방적인 명령은 아이가 잘 받아들이지 못하고 지키지 못해서 큰 좌절감으로 이어지기 때문에 결국은 아이와 부모 모두를 불행하게 할 수 있습니다.

한 아이가 놀이터에서 미끄럼틀을 타는 경우를 생각해봅시다. 놀이터를 떠나기 전, 아이는 심리적으로 떠날 준비를 할 시간이 필요합니다. 따라서 미리 아이에게 미끄럼틀을 앞으로 몇 번 탈 수 있는지 얘기해주는 것이 좋습니다. 아이가 놀고 있는데 갑자기 놀이를 중단시키고 이제 가야 한다고 일방적으로 명령하면 아이는 엇나간 반응을 보일 수도 있습니다. 부모로서, 혹은 본인이 어렸을 때 이런 경험을 단 한 번도 해본 적 없는 사람이 있을까요? 심리적으로 변화에 대비할 수 있도록 중간 단계가 필요합니다.

아이가 변화를 받아들이는 것을 매우 힘들어할 때는 아이에게 선택권을 주는 것이 좋은 해결책이 됩니다. 자신이 직접 결정을 내리는 과정에 참여한다는 느낌을 주기 때문입니다. 이렇게 함으로써 아이는 누군가 자신을 마음대로 조종하는 것을 그대로 따르지 않고, 의사결정 과정에 적극적으로 참여할 수 있지요.

예를 들면 한겨울에는 아이 마음대로 옷을 고르게 내버려둘 수 없습니다. 섭씨 10도도 안 되는 추위에 반바지를 입게 내버려둘 수는 없는 것이지요.

하지만 여러분 모두 상황에 맞지 않는 옷을 입으려고 떼를 쓰는 아이와 실랑이를 하느라 진땀을 빼본 적이 있거나, 혹은 주변 사람들로부터 그런 경험담을 들어본 적이 있을 거예요. 이럴 때는 아이의 좌절감을 줄이기 위해 두 가지 옷차림 중 하나를 선택하도록 유도하는 것이 좋습니다. "스타킹을 신고 그 위에 반바지를 입을래? 아니면 이 레깅스를 입을래? 네가 결정하렴." 이렇게 아이에게 선택권을 줌으로써 아이의 자존심을 지켜줄 수 있습니다.

아이가 못되게 굴더라도 성격이 나빠서 그런 것이 아니라는 사실을 잊지 마세요. 아이는 자기만의 방식으로 충족되지 않은 욕구(관

> "우리는 아이의 인격을 더 잘 이해하기 위해 노력해야 한다. 갓난아이를 돌보든 유아를 돌보든 간에 교육자의 첫 번째 의무는 무엇보다 이 새로운 존재의 인격을 인정하고 존중하는 것이다."
>
> 마리아 몬테소리,
> 『가정에서의 유아들』

심, 조용함, 애정, 집중, 자유, 안정 등)와 관련한 감정을 비우고 있습니다. 아이의 뇌가 이러한 감정을 극복하게 하며, 이때 공격이나 회피(움츠러들거나 도망가는 모습) 등 본능적인 반응을 보이도록 아이를 충동합니다.

따라서 아이가 잘못된 행동을 하는 것은 필요에 의한 것이기 때문에 처벌(큰 소리로 꾸짖기, 고립, 언어폭력 혹은 신체적 폭력)을 해서는 안 됩니다. 아이의 이야기를 듣고 감정을 헤아려주어야 합니다. 이러한 상황에서 아이를 대할 때는 단호한 태도로 규칙을 명확히 다시 짚어주되, 아이가 자기의 감정을 표현하고, 이를 통해 어떤 일이 일어났고 자기가 어떤 기분이었는지를 분석할 수 있도록 도와주어야 합니다.

소아과 의사인 카트린 게갱(Catherine Gueguen) 박사는 부모의 과도하거나 폭력적인 반응에 아이의 뇌는 쇼크 반응을 일으킨다고 설명했습니다. 아이의 감정을 헤아리고 대화로 상황을 풀어나가면 아이의 뇌는 상처받지 않고 조화롭게 발달하며 성숙해질 수 있습니다.

뇌가 충분히 발달하면 아이는 자신의 충동을 제어할 수 있습니다. 부모가 지나치게 심각하게 반응하면 아이는 순간 얼어붙을 뿐만 아니라 굴욕적인 감정을 느끼고 스트레스를 받습니다. 이렇게 되면 아이는 새로운 공격성을 드러냅니다. 뇌 속의 거울신경세포가 아이가 본 것을 그대로 재현하도록 유도하기 때문입니다. 그리고 이러한 상황이 오랫동안 지속되면 아이는 불안해지고 침울해지며 우울감마저도 느끼게 됩니다.

이와 반대로 아이가 잘못된 행동을 할 때 너그럽게 대하고 감정에 공감해주면, 아이도 비슷한 태도를 보입니다. 이러한 상황을 잘 해결하기 위해서는 아이의 내면에 평화가 자랄 수 있게 해주어야 합니다. 아이를 과도하게 벌하면서 지나치게 반응하면서도 '이게 다 널 위한 거야'라는 말은 하지 말아야 합니다. 아이의 뇌는 아직도 발달하는 중이기 때문에 모든 것을 흡수한다는 사실을 절대 잊지 말아야 합니다.

아이와 긴장 상황이 생겼을 때 어떻게 하는 것이 가장 좋은 방법일까요?

★ 먼저 사랑을 가득 담아 아이를 꼭 안아줍니다. 그럼 아이는 차츰 안정을 되찾습니다.
★ 다음으로 규칙을 상기시킵니다.
★ 마지막으로 모두가 진정되었을 때, 아이의 잘못된 태도와 부정적인 감정을 말로 표현할 수 있게 유도하며 대화를 나눕니다.

아이를 긍정적으로 이끌어주기

아이가 관심을 끌기 위해 모든 수단과 방법을 동원해서 소란을 떨 때가 있습니다. 아이는 어른의 시선을 끌기 위해 무엇이든 할 준비가 되어 있습니다. 아이는 다른 모든 종류의 관심보다 부정적인 관심을 선호합니다. 이럴 때 아이에게 더 많은 관심을 줌으로써 아이의 기대를 충족시켜주는 것이 어떨까요? 아이의 장점을 발견하고, 긍정적인 부분에 집중하면서 아이가 수행할 수 있는 임무를 줌으로써 아이를 도울 수 있습니다. 아이가 소란스럽게 굴었다고 해서 꾸짖거나 모욕하면 애정 결핍과 감정적인 동요는 더 심해질 뿐입니다.

소아과 의사인 피에르 르무안(Pierre Lemoine) 박사의 저서 『사랑 전하기(*Transmettre l'amour*, 국내 미출간)』에서 마음에 와닿는 문장을 발견했습니다. 아이가 관심을 끌려고 잘못된 행동을 하면 '한마디도 하지 말고, 꼼짝도 하지 말라'는 것입니다.

아이의 부정적인 행동에 반응하면 그런 행동을 더욱 부추기게 됩니다. 원하는 목표를 달성했다고 생각한 아이에게 그 방법이 효과적이라고 말해주는 것과 다를 바 없지요.

반면 아이가 부정적인 행동을 해도 대수롭지 않게 여기고, 그 상황이 끝난 뒤 아이에게 긍정적인 관심을 보이면 아이의 긍정적인 행동을 촉진할 수 있습니다. 관심을 끌기 위한 가장 좋은 방법이 무엇인지 아이가 이해하도록 해야 합니다. 다시 말해 사랑받는 느낌을 얻고자 한다면 상대방의 화를 돋울 것이 아니라 사랑받을 만한 행동을 해야 한다는 사실을 깨닫게 하는 것이지요.

아이가 감정적으로 동요할 때는 아이의 발달을 자극하는 건설적인 활동으로 유도해야 합니다. 다시 말해 아이의 마음을 사로잡고 지적 자극을 줄 수 있는 활동을 할 수 있게 해주어야 합니다. 그래야 아이가 그 활동에 집중하면서 마음을 다스릴 수 있습니다.

소란을 일으키는 아이와 평온함을 원하는 어른 사이의 이해가 충돌해서 갈등이 빚어지는 경우, 둘 중 한 사람은 어른답게 행동해야 합니다. 어른은 아이가 부정적인 감정을 서서히 해소할 수 있도록 아이의 감정을 이해하고, 자신의 감정을 억누르고 참아야 합니다. 화가 났거나 불안감을 느끼는 아이를 받아들이고 아이의 흥미를 일깨울 수 있는 활동으로 유도하는 것이 어른이 할 일입니다. 왜냐하면 흥미가 아이의 감정을 다스리기 때문입니다. 이를 위해 아이의 호기심을 끊임없이 자극해야 합니다. 게리 채프먼(Gary Chapman)이 자신의 저서『자녀의 5가지 사랑의 언어(*Langages d'amour des enfants*, 생명의말씀사)』에서 설명한 바와 같이 아이가 자신이 있는 그대로 받아들여지고 '감정의 호수가 잔잔해졌다'라고 느껴야만 아이의 흥미를 유발할 수 있습니다.

아이 존중하기

아이를 있는 그대로 받아들인다는 것은 우리가 꿈꿔온 이상적인 아이의 모습을 포기하는 일입니다. 즉, 우리가 상상한 '모범적인 아이'를 머릿속에서 지우는 것이지요. 우리 눈앞에 있는 아이는 실재하는 존재입니다. 있는 그대로의 존재입니다. 그래서 우리가 아이를 있는 그대로 받아들이면, 아이도 자기 자신을 수월하게 받아들일 수 있습니다. 아이를 존중하는 것은 아이가 자기 자신을 존중할 수 있도록 돕는 일입니다. 아이의 개체성과 인격을 받아들이는 것은 아이를 사랑하는 일입니다. 아이는 조건 없는 사랑을 바탕으로 성장하고 자아를 실현할 수 있습니다.

자신이 존중받을 만한 존재라고 느끼는 아이는 타인의 욕구를 인식할 준비를 합니다. 이런 아이는 집단 속에서 다른 사람에게 자리를 양보하며 자신의 자리를 찾지요. 양보는 평화로 가는 길이며, 평화는 교육의 핵심적인 요소입니다. 마리아 몬테소리는 유명한 저서 『교육과 평화』와 『새로운 세상을 위한 교육』에서 이 주제에 대해 다루고 있습니다.

교육자는 아이의 성장을 도우며 평화의 본보기를 제시하기 위해 노력해야 합니다. 평화는 어릴 때부터 아주 작은 차원에서부터 학습되는 기술입니다. 평화는 존재들 사이, 아이와 어른 사이, 형제자매 사이에서 싹트며, 나아가 나라와 나라 사이의 평화의 원천으로 확장될 수 있습니다.

인간은 아주 어릴 때부터 타인을 받아들이고 타인의 권리를 인정할 수 있습니다. 우리는 모두 존중받아 마땅한 존재이며, 서로 비슷할 수도 있고 다를 수도 있다고 생각해야 합니다. 바로 이것이 관용의 조건입니다. 우리는 따뜻하고 호의적인 분위기를 만들어야 합니다.

현실과 상상 구분하기

아이는 모든 종류의 지각 경험을 쌓고 있어서, 무엇이 진짜이고 가짜인지, 현실이고 상상인지 구분하기가 쉽지 않습니다. 하지만 현실과 상상을 구분하는 능력은 아이의 올바른 발달을 위해 필요한 조건 중 하나입니다. 따라서 아이가 적절한 현실 감각을 가졌는지 잘 지켜보아야 합니다. 그리고 아이에게 상상의 이야기를 들려주기에 앞서 현실 지각 능력이 충분히 자라기를 기다려야 합니다.

우리의 문화는 기상천외한 환상 속 이야기를 어린이를 위한 동화라고 소개하며 엄청나게 쏟아내고 있습니다. 하지만 이것은 어디까지나 어른들이 만들어낸 어른들의 이야기입니다. 물론 아이들이 상상의 이야기를 만들어내고 좋아하기도 합니다. 그러나 이것은 아이가 이러한 분위기에 너무 익숙해서 갖게 된 성향입니다. 아이들이 특이한 것을 좋아하도록 성향을 유도한 것입니다. 그러나 아이는 본능적으로 현실에 끌립니다.

아이는 구체적인 것에 끌립니다. 물론 아이는 환상을 바탕으로 꿈을 꿉니다. 하지만 그전에 아이가 현실을 흡수할 수 있어야 합니다. 현실과 환상의 세계를 혼동하고 이 둘을 구분하는 데 어려움을 겪는 아이들이 많습니다. 이러한 아이들의 머릿속에서는 현실과 가상세계가 서로 영향을 주고받기 때문입니다. 심지어 실제로 자기에게 벌어진 일과 상상 속의 일을 혼동하기도 합니다.

따라서 처음에는 아이가 사는 세상, 아이의 일상, 구체적이고 현실적인 상황을 묘사한 책을 읽어주고 이야기를 들려주어야 합니다. 마찬가지 이유로 인간처럼 사는 동물이 등장하는 이야기보다는 사람이 주요 등장인물인 책을 선택하는 것이 좋습니다. 반면 자연에서 살아가는 동물에 관한 훌륭한 책도 많이 있습니다. 아이가 현실에 충분히 뿌리를 내렸다면 동물을 의인화한 책을 읽게 해도 됩니다. 많은 동화 속에서 동물이 주인공으로 등장하지요. 아이는 현실 감각을 충분히 다 키운 후에야 우화나 신화의 매력을 제대로 느낄 수 있고, 현실과 상상의 이야기를 구분할 수 있습니다.

아이가 좀 더 자라면 세상에 대한 현실적인 통찰력을 갖게 됩니다. 이때부터 아이는 전래동화나 설화, 오래된 우화와 같은 이야기를 무서워하지 않고 좋아하게 되지요. 전래동화나 설화는 우리의 문화 유산이기 때문에 중요한 의미를 지닙니다. 사실 이런 이야기들은 원래 아이들을 위해 만든 것이 아니라서 때로는 아이들에게 불안감을 조장할 수도 있으며, 무서운 이야기를 읽고 난 후 아이가 악몽에 시달리기도 합니다.

같은 맥락에서 산타 할아버지나 이빨 요정 이야기(아이가 뺀 이를 베개 밑에 두면 이빨 요정이 와서 동전과 바꾸어간다는 이야기–옮긴이)를 믿게 해도 되는지 의문을 가질 수도 있습니다. 이런 이야기들은 분명 아이들, 특히 어른들도 좋아하긴 하지만 아이에게 진짜라고 확언한다면 거짓말을 하는 셈이지요.

이런 이야기가 꿈과 즐거움을 준다고 하는데 과연 누구에게 주

는 걸까요? 산타를 믿고 이빨 요정을 믿는 사람들에게는 즐거움을 주겠지요. 하지만 아이의 현실 감각에는 혼란을 줄 수 있습니다. 그리고 언젠가 산타와 이빨 요정이 존재하지 않는다는 사실을 알게 되면 실망할지도 모릅니다. 산타의 존재를 계속 믿고 싶어서 자기 자신을 속이는 아이도 있습니다. 다른 사람들이 자기에게 거짓말을 했다는 사실을 인정하기 슬프기 때문이지요.

산타 할아버지가 없다는 사실 자체는 문제가 되지 않습니다. 아이에게 문제가 되는 것은 어른들의 말을 듣고 믿어온 것을 부정해야 하는 일입니다. 그리고 이로 인해 세상을 바라보는 자신의 인식에 대한 신뢰가 흔들리게 되지요. 자신이 진짜라고 생각했던 많은 것들이 사실은 가짜일 수도 있으니까요.

아이는 자신에게 진실을 감추고 이야기를 지어낸 어른들에게 배신당한 느낌을 받을 수도 있습니다. 어른들이 자기를 기만했다고 생각할 수도 있습니다. 이렇게 극단적인 상황까지 치닫지 않는다고 하더라도, 크리스마스에 선물을 받고 이가 빠지면 동전을 받는 관습이 현실 속 상황에 따라 꾸며진 아름다운 상상이라는 사실을 얘기해주는 것은 어떨까요? 다만 아이가 분별력이 생기는 나이가 되면 이러한 이야기를 해주어야 한다는 점을 잊지 마세요. 아이를 혼란스럽게 하면 안 된다는 점도 꼭 기억하세요!

아이가 현실을 잘 이해할 수 있도록 도와주는 것은 아이에 대한 존중의 문제입니다. 여러분이 한 번도 가본 적 없는 나라로 이민을

갔는데, 사람들이 그곳의 언어를 엉터리로 가르쳐준다고 생각해보세요. 어떤 기분이 들까요?

아이를 존중하는 것은 아이를 속이지 않는 것이기도 합니다.

아이의 자존감을 지켜주면서 소통하기

"아이가 자신의 약점을 지각하지 않게 하되, 자신의 결점을 없앨 수 있도록 도와야 한다."

마리아 몬테소리의 저서 『가정에서의 유아들』에는 이런 글귀가 있습니다. 아이를 존중하는 것은 아이와 잘 소통하는 것을 의미하며, 이는 아이의 말을 듣고 아이가 우리의 말을 듣게 하는 법을 아는 것을 뜻합니다. 이를 위해 아이가 감정과 기분을 잘 표현할 수 있도록 해주어야 합니다. 다른 이의 감정을 부정하는 것은 자존감을 해치는 행위입니다. 모든 감정은 받아들여져야 합니다. 그렇다고 해서 모든 행동을 용납해야 한다는 것은 아닙니다. 우리를 성가시게 하는 행동 중 하나에 관해 아이와 이야기하고 싶다면, 아이를 비난하기보다는 그 행동을 묘사하며 설명하는 것이 좋습니다.

예를 들면 "너 정말 너무하는구나! 식탁 꼴 좀 보렴. 넌 왜 맨날 어지럽히기만 하고 치울 생각을 안 하니!"라고 하는 대신 **"식탁을 치우지 않고 그대로 두었구나. 엄마는 그런 행동을 싫어한단다"**라고 이야기하는 편이 낫습니다. 아이에게 문제가 있을 때는 가능하면 아이가 느끼는 감정을 말로 표현해주고, 자기 안에서 스스로 해결 방안을

찾을 수 있도록 도와야 합니다. 이때 핵심은 아이의 자존심을 해치지 않으면서 아이 스스로 개선할 수 있도록 돕는 것입니다.

　토머스 고든(Thomas Gordon)은 저서 『일상에서 효율적인 부모들(*Parents efficaces au quotidien*, 국내 미출간)』에서 부모와 자녀 사이의 소통을 돕고 상대방에 대한 주관적인 판단과 해석, 오해를 막기 위한 효율적인 듣기 방법을 소개했습니다. 가족 내에서 생기는 갈등을 해결하는 방안을 소개한 것이지요. 캐나다의 작가인 아델 페이버(Adele Faber)와 일레인 마즐리시(Elaine Mazlish)도 여러 편의 저서를 통해 부모와 자녀 간의 소통과 긍정적인 훈육을 주제로 다루며, 폭력적이지 않고 호의적인 의사소통 방법을 제안했습니다.

토머스 고든의
능동적으로 듣기

델핀 들르쿠르(Delphine Delecourt), 고든연구회 교사

우리는 왜 소통하는 법을 배워야 할까요? 모든 소통이 명확하거나 자연스럽게 이루어지지는 않기 때문입니다. 우리는 남을 오해하거나 혹은 오해를 받아서 곤란한 처지가 되거나, 슬픔에 빠지거나 혹은 분노를 느끼는 상황에 직면하곤 합니다. 그러나 남에게 자신을 이해시키는 것이 어렵다고 해서 상대방을 탓할 수는 없습니다. 또한 우리가 타인을 이해하지 못한다고 해서 죄책감을 느낄 필요도 없습니다. 그런데 이렇게 어려운 소통의 과정을 개선할 수 있습니다. 토머스 고든은 가족 간 대화의 토대를 다시 세워서 신뢰의 분위기를 만드는 방법을 제시했습니다. 고든연구회 사이트(http://www.ateliergordon.com)에서 능동적으로 듣기, '나 대화법', 실패 없는 갈등 해결 등에 대한 정보를 얻을 수 있습니다.

소통은 두 가지 중요한 요소로 이루어집니다. 다른 사람이 말할 수 있도록 경청하는 것, 다른 사람이 들을 수 있도록 이야기하는 것입니다.

아이와 소통하고 싶다면
우선 아이의 이야기를 들으세요 ---------------------------

아이가 수요일에 가야 하는 학원에 가기 싫다고 말하면, 먼저 아이의 말을 들어야 합니다. "환불받기 어려운데……"와 같은 말은 꺼내지 마세요. 사실 아이의 거부감과 망설임 뒤에는 충족되지 않는 욕구가 있으며, 강한 감정(두려움, 슬픔, 분노 등)이 숨겨져 있습니다. 따라서 아이의 말을 경청하면서 숨겨진 감정을 파악해야 합니다.

아이의 말을 듣는 것은 욕구나 감정을 받아들이는 것입니다. 이렇게 함으로써 아이가 불편한 상황을 잘 견뎌내고, 나아가 자신의 문제를 명확하게 보고 스스로 해결책을 찾도록 도울 수 있습니다. 이러한 대화를 통해 아이는 신뢰를 쌓고 자율성을 키울 수 있습니다.

아이가 모든 것을 털어놓을 수 있는 부모가 되려면 어떻게 들어야 할까요?

아이의 말을 경청하기 위해서는 다음과 같은 자세를 갖춰야 합니다.

★ **가용성**: 지금 하는 일을 멈춥니다. 아이와 눈을 맞춥니다. 그런 다음 내 몸의 방향과 자세를 아이에게로 향하게 합니다.

★ **수용성**: 아이가 느끼는 감정과 욕구는 부모의 것과 다를 수 있습니다. 있는 그대로 받아들이세요. 그럼 아이는 완벽한 믿음을 바탕으로 자신의 속마음을 털어놓게 될 것입니다.

★ **공감 능력**: 내 머릿속의 라디오를 잠시 끄고 침묵해보세요. 아이가 겪은 일을 이해하고 아이의 감정을 더욱 잘 느낄 수 있습니다.

경청의 효과

부모의 경청은 아이를 자율적이고 책임 있는 인격체로 인정한다는 뜻입니다. 아이의 욕구와 감정을 존중함으로써 아이가 그것을 제대로 표현하고 느낄 수 있도록 해주는 것이지요. 저는 아이가 겪는 문제들을 다 이해하지는 못하지만, 느끼는 감정은 모두 받아들입니다. 부모가 이야기를 귀 기울여 들어주면 아이는 자신의 잘못을 이야기할 용기를 얻습니다. 아이의 말을 잘 들어주는 것이야말로 아이에게 신뢰를 주고 자신감을 키워주는 방법입니다. 우리 아이는 제가 자신의 경험과 감정을 받아들이고 자신을 위해준다는 것을 분명하게 느낍니다.

누군가의 말을 경청하는 것은 그 사람이 자기의 고민이 무엇인지 분명히 파악하고, 나아가 스스로 문제를 해결할 수 있도록 돕는 행위입니다. 상대방이 하는 말에 귀를 기울임으로써 그 사람을 더 자율적이고 책임감 있는 사람으로 변화시킬 수 있습니다.

경청이란 상대방의 곁을 지키는 것, 돕는 것, 그리고 사랑하는 것입니다.

> **"말하는 것은 욕구이지만 듣는 것은 기술이다."**
>
> 괴테, 『괴테 명언집』

소통은 경청하는 아이로 키우기 위해
내 이야기를 하는 것입니다 --------------------------------

'너 대화법'은 왜 상처를 줄까요?

"너는 또 지각이네", "넌 한 번도 방을 치우지 않는구나!", "너, 지금 내 말을 듣기는 하는 거니?"

이처럼 '너'로 시작하는 문장들은 '너'에게 향하는 화살과도 같습니다. 사실 제가 아이에게 이런 식으로 말하면, 아이는 모든 지적에 대해 죄책감을 느낍니다. 그리고 화살처럼 날카롭게 날린 말에 상처받고 반응할 힘을 잃어버리지요. 아이가 복종할 수도 있고 반항할 수도 있지만 어떤 반응을 보이든 간에 아이는 자유도 신뢰도 느낄 수 없습니다.

저는 '나 대화법'을 사용하여 아이가 제 말에 귀를 기울이게 합니다.

경청은 두 단계로 이루어집니다

★ 먼저 상대방의 말을 귀 기울여 듣고 그 내용을 그대로 다시 표현합니다. 예를 들면 "그래. 그래서 네가 ……라고 하는 거구나", "너는 ……라고 생각했구나"와 같은 문장을 사용합니다.

★ 이후 상대방에게 있었던 일을 반영해서 그의 감정을 다시 표현합니다. 저는 아이의 이야기를 듣고 나면, 아이가 겪은 일과 느낀 감정을 이미지로 만들어 다시 보여줍니다. 일종의 거울 효과처럼 말이지요. 물론 아이의 생각과 감정을 다시 표현할 때는 저의 주관적인 해석도 포함하기 때문에 다소 위험할 수 있습니다. 하지만 제 마음속 신뢰가 굳건하기 때문에 용기를 내서 감히 아이의 이야기를 제 방식대로 해석해봅니다. 이런 식으로 재해석해서 다시 표현하는 이야기는 아이가 받아들일 수도 있고 그렇지 않을 수도 있습니다. 그러나 아이는 제가 쓴 표현이 맞는지 혹은 틀리는지 확인하면서 자기 생각을 좀 더 명확히 합니다. "너에게 중요한 것은 ……구나", "네 기분이 ……했겠구나", "너는 ……라고 생각했구나"처럼 말하면 아이는 "네, 맞아요" 혹은 "아니요, 제 생각은 ……였어요", "그게 아니라 제 기분은 ……였어요"와 같이 대답하며 자기 생각과 감정을 좀 더 구체적으로 표현합니다.

'나 대화법'의 효과 --

'나'로 시작하는 문장으로 이야기하면 부모는 아이와 효율적인 대화를 할 수 있습니다. 아이는 자신을 드러내고 다른 사람에게 상처를 주지 않고 자기를 이해시킬 수 있습니다. 자기를 방어하는 대신 타인의 말을 경청할 수 있는 아이로 자라지요.

'나 대화법'을 사용하는 부모는 자신의 감정과 욕구를 들여다볼 수 있습니다. 자신을 드러내고, 약점을 아이에게 있는 그대로 보여줍니다. 이러한 과정을 통해 아이는 자기 자신과 부모에 대한 신뢰를 키웁니다. 아이는 자신의 행동을 마주하고, 의식하며, 앞으로 행동 방식을 바꿀지 자유롭게 선택합니다.

오해의 악순환을 피하기 위해서는 듣고 말하는 방식에 대해 아는 것이 중요합니다. 잘 듣고 잘 말하는 법을 알게 되면 나와 내 가족의 삶이 변합니다.

'나 대화법'은 여러 단계로 이루어집니다

★ 아이가 잘못한 행동과 사실을 묘사합니다(아이는 자신의 어떤 행동이 부모를 언짢게 했는지 모르는 경우가 많습니다).

★ 아이의 행동이 나에게 미친 영향과 나의 욕구 중 어떠한 부분을 충족하는 데 방해가 되었는지를 구체적으로 묘사합니다.

★ 아이의 행동에 대한 가치판단과 주관적인 해석 없이 나의 감정을 아이에게 표현합니다. 이를 위해 아이에게 나의 욕구에 대해서도 명확하게 설명합니다.

★ '나 대화법'을 사용해 생각과 감정을 표현한 뒤 아이의 반응을 적극적인 자세로 듣습니다.

아이의 인지 발달 과정

태내기

엄마의 배 속에서 자라는 동안에도 태아는 부모가 관심을 보이면 벌써 민감하게 반응하기 시작합니다. 태아는 엄마가 느끼는 긴장감이나 행복감을 같이 느낍니다. 아기와 엄마는 마치 한 몸이 된 것처럼 지속적인 관계를 맺습니다.

태내에서부터 아기의 감각은 깨어납니다. 맛과 빛의 변화에 민감합니다. 소리에도 반응합니다. 냄새는 거의 맡을 수 없지만, 촉각 자극에는 매우 강하게 반응합니다.

아기는 엄마 배 근육이 긴장되어 있는지, 아니면 느슨한 상태인지 느낄 수 있습니다. 그리고 배 위에 닿는 손길을 아주 잘 느낍니다. 부모가 보여주는 애정과 관심을 느끼는 것이지요. 아기는 평온하게 성장하기 위해 태내에서부터 따뜻한 보살핌을 필요로 합니다. 그리고 엄마의 배 속에서부터 상호작용하는 관계의 주체가 됩니다.

태아는 이렇게 엄마의 자궁 안에서 자신의 주변 사람, 특히 부모와 최초의 관계를 맺습니다. 모든 태아와 엄마는 분명히 관계를 맺고 있지만, 아기에게 엄마가 얼마나 더 많은 관심을 갖느냐에 따라 이 관계가 좀 더 끈끈해질 수도 느슨해질 수도 있습니다. 아기가 태내에서 맺는 첫 인간관계가 이후 발달을 결정짓는 것이지요. 따라서 엄마가 애정을 담아 손으로 배를 부드럽게 쓰다듬어준다면(haptonomy, 햅토노미) 부모와 아이의 관계는 더욱 풍요로워질 것입니다.

햅토노미란 감정 치유를 연구하는 학문으로, 햅토노미 치료법은 애정을 담은 심리적인 접촉이자 피부로 느낄 수 있는 접촉을 통해 관계를 만들어가는 행위입니다. 부모는 자궁 속 태아와 촉각을 통해 소통할 수 있습니다. 그렇게 함으로써 아이를 일방적으로 끌고 가는 대신 아이를 인도하고, 돕고, 지지하는 관계를 태아기부터 형성할 수 있습니다.

'햅토노미(haptonomy)'는 '신체적·정서적 접촉'을 뜻하는 그리스어 단어 '합토(hapto)'와 '규칙, 법'을 뜻하는 '노모(nomo)'에서 탄생한 용어입니다. 햅토노미는 네덜란드의 생명과학자 프란스 펠트만(Frans Veldman)이 제2차 세계대전 이후 고안한 것으로, 그는 자신의 저서 『햅토노미, 정서의 과학(Haptonomie, science de l'affectivité, 국내 미출간)』에서 처음 이 개념을 소개했습니다.

햅토노미 케어는 출산을 준비하는 과정을 넘어 출산 전부터 아이와 부모 간의 유대와 애정을 발달시키는 접근법입니다. 부모와 함께 햅토노미 케어를 실천한 아이는 더 유연한 마음가짐을 갖게 되는 경향이 있습니다. 타인에게 더 열려 있으며, 관계를 맺는 것에 더 호의적입니다. 호기심이 많고 적극적이며, 주변의 모든 것에 대해 뛰어난 감수성을 보입니다. 햅토노미 케어를 통해 아이는 자신에 대한 확신, 자신감, 기본적인 안정감을 키우게 되고, 적응력이 뛰어나고 자율성이 강하며 침착한 사람으로 성장하게 됩니다.

감정 치유를 연구하는
학문, 햅토노미

국제햅토노미연구개발센터 (CIRDH)의 웹사이트에서 발췌한 내용입니다.

산모의 배를 정성스럽게 쓰다듬는 동안 아빠, 엄마, 아이 사이에는 정서적인 관계가 형성됩니다. 이러한 삼각관계는 부성과 모성을 키우고, 아이를 느끼면서 부모로서의 애착과 책임감을 키우는 데 도움이 됩니다. 이렇게 함으로써 아이가 태어나기 전부터 가족의 일원으로서 아이에게 자리를 마련해주고 가족관계의 주도권을 가질 수 있게 합니다. 또한 부모는 아이의 신체적, 정신적, 정서적 발달을 지지해줄 수 있다는 자신감이 생깁니다. 즉, 아이의 자율성을 추구하는 교육적 관계의 기반을 이미 마련한 셈입니다.

(…) 아이는 이러한 애착관계를 통해 태어나기 전부터 자아실현에 매우 중요한 개체성(individuality)과 안정감을 느끼게 됩니다. 햅토노미식 출산 준비는 단순한 기술이나 '행동'과 비교할 수 없습니다. 아이를 맞이하기 위한 준비 과정이지요. 태아는 엄마의 배 속에 있는 동안, 그리고 세상에 태어날 때 부모의 지지와 애정과 도움을 받습니다.

햅토노미 케어는 단순히 출산을 준비하기 위한 과정만은 아닙니다. 그렇지만 자연주의 탄생과 출산을 돕는 효과도 있습니다. 사실 햅토노미 케어는 인간의 몸 전체를 고려한 것입니다. 사람의 정서, 즉 감성과 감정은 움직이는 신체를 통해 드러납니다. 특히 행복감과 자아의 온전함을 느낄 때, 실제로 근긴장(근육이 탄탄해지고 탄력이 생김)이 일어나며 출산을 돕기 위해 인대가 이완됩니다. 어떤 훈련이나 기법으로도 이러한 신체 상태에 도달할 수는 없습니다. 안정적인 정서적 관계가 주는 해방감의 결과라고 할 수 있지요.

아이와 부모 사이의 정서적인 관계는 출산의 순간에도 계속 유지됩니다. 사실 정서적 관계의 양상이 단절되는 경험을 함으로써 아이는 부정적인 좌절감을 느낄 수도 있습니다. 그래서 출생 후 아이는 부모와 함께해야 하며, 부모와 아이의 동반은 아주 구체적인 방식으로 이루어져야 합니다.

출산 전후에 아빠가 하는
햅토노미 케어가 중요한 세 가지 이유 ----------------------

★ 아빠-엄마-아기의 정서적 삼각관계에서 아빠가 바로 제자리를 찾게 됨으로써
세 사람이 동등하게 만족감을 느낄 수 있습니다.

★ 아빠는 엄마에게 정서적 의지가 됩니다. 임신과 출산을 겪는 동안 엄마를 지지
하는 사람이 바로 아빠입니다.

★ 출산의 순간 아이가 외부 세계를 처음 만날 때, 아빠가 매우 중요한 역할을 할
수 있습니다. 만약 불가피한 상황으로 인해 출산할 때 아빠가 함께할 수 없다면,
엄마와 가까운 다른 사람이 이 역할을 대신해야 합니다.

햅토노미 케어 전문가 외에도 햅토노미식 출산을 돕는 산부인과나 조산원도 있
습니다. 자세한 정보는 햅토노미 웹사이트(http://www.haptonomie.org)를 참고
하세요.

탄생의 순간

아이에게 탄생은 상태가 바뀌는 순간입니다. 우리는 출산이 산모에게 얼마나 대단한 일인지에 대해서 자주 이야기합니다. 이것은 아이에게도 마찬가지입니다. 엄마 배 속에서 바깥세상으로 나오는 모험은 아이에게도 아주 강렬한 경험입니다. 환경이 변합니다. 상태가 바뀌지요. 새로운 삶의 방식과 힘겨운 여정의 경험이 이제 시작된 것입니다. 부모의 역할은 이러한 환경의 변화가 가장 평온하게 이루어질 수 있도록 아이를 위해 신경 쓰는 것입니다.

출산이 진행되는 동안 아이와 이 아이가 필요로 하는 것, 아이가 겪는 일, 어쩌면 아이가 느낄지도 모르는 고통, 그리고 특히 아이가 세상에 나오기 위해 쏟는 노력에 집중해보세요. 이러한 심리적인 돌봄이 아이에게 미칠 긍정적인 영향에 대해 생각하면 산모는 자기 자신과 고통에 대한 집중을 흩뜨리게 됩니다. 그래서 고통이 완화되기도 하지요. 저도 이러한 경험을 했습니다.

이제 갓 태어난 아기는 세상이 자신을 맞이하는 태도에 대해 매우 민감하게 반응합니다. 가능하면 너무 서둘러서 탯줄을 자르지 않는 것이 좋습니다. 그리고 사랑으로 가득 찬 엄마의 심장 가까이에 피부가 맞닿도록 아기를 올려놓는 것이 이상적입니다. 갓난아이는 한동안 반사 작용으로 빠는 행동을 합니다. 따라서 모유 수유를 할 계획이라면 태어난 직후에 바로 젖을 물리는 것이 가장 좋습니다.

아기를 부드럽게 다루면 상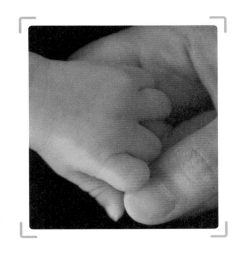
태 변화로 인한 충격을 줄일 수
있습니다. 빛과 소음을 약하게
하고 차분한 환경을 준비합니
다. 아기가 바깥세상에서도 엄
마 배 속에 있는 것처럼 느낄 수
있도록 분만 장소를 누에고치처
럼 안락하게 만드는 것도 좋습
니다. 기압이 다른 두 공간 사이
에 감압실을 만들 듯, 아기가 세상에 나오기 전에 준비할 수 있도록
특별한 시간을 마련하는 것이지요. 그러면 출산이라는 변화는 최대
한 평온하게 진행될 것입니다.

아기가 기존의 세계와 갑자기 단절된 느낌을 받지 않도록 신경
을 써야 합니다. 햅토노미는 부모와 아기의 관계 속에서 이뤄지는 특
별한 순간으로 출산을 경험하는 데 큰 도움이 됩니다. 출산하는 동안
호흡이나 분만법에 신경을 쓰는 대신 아기와 이미 맺고 있는 관계에
온전히 몰두하는 것이지요.

아기는 배 속에서부터 아빠-엄마-아기로 이루어진 삼각관계에
둘러싸여 있습니다. 아기가 태어나는 동안 엄마-아기의 긴밀한 관
계가 계속 유지되면 둘의 관계는 더욱 깊어지고 넓어질 수 있습니다.
세상 밖으로 나온 아기는 자기가 방금 겪은 급격한 변화 속에서

도 엄마의 체취를 맡고, 수많은 사람들 속에서도 엄마의 심장 소리와 목소리를 구분하여 듣고, 엄마의 피부를 느낍니다. 아기는 엄마와의 접촉을 기준으로 삼아 자신의 자리를 찾아갑니다. 태어난 순간부터 엄마의 체온, 모유, 엄마와의 접촉과 같은 여러 가지 긍정적인 경험을 하게 하면, 아기는 자신에게 주어진 새로운 생활방식을 신뢰할 수 있습니다.

아기가 태어나기 전 엄마와 아기는 분명 한 몸이었습니다. 하지만 아기가 태어난 후에도 엄마와 아기는 다른 방식으로 다시 한 몸이 됩니다. 엄마와 아기는 신체적으로 분리되지만 두 사람을 정신적으로 더 밀접하게 연결하는 새로운 유형의 애착관계가 만들어진다고 할 수 있습니다. 이러한 연결고리는 아기에게 큰 안정감을 주지요.

0~만 3세

아이가 태어난 후 처음 몇 년 동안, 특히 처음 몇 달 동안은 안정감을 느낄 수 있게 해주어야 합니다. 그러한 경험을 통해 아이는 자신감의 토대가 되는 안정감을 갖게 되며 정신적 척추를 튼튼하게 형성할 수 있습니다. 아이는 이 안정감 덕분에 건강하고 자발적으로 자기 주변과 관계를 만들어갑니다.

이렇게 세상에 대해 긍정적이고 행복한 경험을 함으로써 아이는 행복감을 느끼고 좋은 성격을 갖게 됩니다. 아이가 태어나서 처음 받는 돌봄이 남은 인생 전체를 결정짓기 때문에 매우 중요하다고 할

수 있습니다. 갓난아이의 정신적인 삶을 더 정성스럽게 돌볼수록 아이의 정신이 더 활짝 꽃필 수 있습니다. 주변 사람들, 특히 부모로부터 사랑과 돌봄을 받는 아이는 잠재력을 일깨우며 자연스럽게 지능이 높아집니다.

어린아이와의 소통은 매우 중요합니다. 따뜻한 마음으로 아이에게 말을 많이 걸어주어야 합니다. 매 순간이 아이의 자아를 성장시키는 교류의 기회가 될 수 있습니다. 수유 시간을 생각해봅시다. 모유 수유를 하는 동안 엄마와 아기는 자연스럽게 좋은 관계를 형성할 수 있습니다. 체온, 신체 접촉, 엄마의 희생은 모유에 담긴 영양소만큼이나 아기를 성장시킬 수 있습니다.

엄마는 아기에게 자신의 존재감을 느끼게 할 수 있고, 아기를 따뜻한 시선으로 바라보고, 모유를 잘 삼킬 수 있도록 편한 자세로 아기를 품에 안습니다(아기의 고개만 엄마의 가슴 쪽으로 돌리는 것이 아니라 아기의 배가 엄마의 배와 맞닿게 안아야 합니다). 모유의 장점은 잘 알려진 만큼 굳이 여기에서는 더 언급하지 않아도 되겠지요. 모유는 아이의 건강에 도움이 되고 아이가 평생 성장하는 데 필요한 영양분을 모두 공급하는 훌륭한 원천입니다. 하지만 모유 수유를 하는 동안 엄마와 아기가 맺는 관계도 영양적인 측면만큼이나 중요합니다.

젖병으로 수유할 때도 아이와 엄마는 좋은 관계를 맺을 수 있습니다. 분유 수유를 하면 아이는 엄마 외에도 다른 사람과 교류할 수 있으며, 아빠(혹은 다른 사람)와도 좋은 관계를 발전시킬 수 있습니다.

목욕, 마사지, 포옹, 몸단장, 기저귀 갈기, 자장가, 수유, 간식 등 아이와 보내는 모든 순간이 아이와 주변 사람들의 관계를 풍요롭게 만드는 기회가 됩니다. 아이가 태어나서 처음 몇 개월 동안 얻는 신뢰감은 평생 살아가면서 갖는 삶에 대한 신뢰의 뿌리가 됩니다. 그리고 이 신뢰를 바탕으로 형성되는 낙관적인 가치관과 안정감은 평생 지속됩니다.

만 3세가 될 때까지 아이는 소소한 승리를 다양하게 경험하며 자율성을 키워갑니다. 이 시기 아이의 발달을 더 효과적으로 도우려면 발달단계에 대해 잘 아는 것이 중요합니다.[6]

아이는 붙잡고, 몸이 단단해지고, 시선을 고정하고, 감각을 훈

---

[6] 샤를로트 푸생, 『몬테소리 기적의 육아: 0–36개월』(청어람미디어, 2021)에 상세히 소개되어 있습니다.

련하고, 앉고, 쥐고, 놓고, 입으로 물고, 조작하고, 몸을 일으키고, 두 발로 서고, 걷고, 탐색하고, 달리고, 손가락으로 가리키고, 단어로 시작해 말을 하고, 자신의 생각과 감정을 표현합니다.

아이를 주의 깊게 관찰하고 이러한 발달단계를 잘 이해할수록 시기에 맞게 아이의 욕구와 필요에 따라 환경을 맞춰서 아이의 발달을 도울 수 있습니다. 예를 들면 아직 누워 지내는 아이에게 모빌을 보여줌으로써 시력 훈련을 하고, 혼자 서기 위해 짚거나 잡을 수 있는 것을 찾는 아이에게 잘 고정된 단단한 가구를 아이 손이 닿는 곳에 놓아둠으로써 도움을 줄 수 있습니다.

만 3~6세

아이가 자라면 독립심을 키워주고 자율성으로 향하는 자연스러운 여정을 조금씩 도와주는 것이 좋습니다. 아이는 '혼자서 행동'하고 자발적으로 활동을 선택하기를 원하는데, 그렇게 해야 할 필요가 있습니다. 아이의 이런 행동을 변덕으로 여기지 않아야 합니다. 그리고 아이에게 "너는 너무 어려", "넌 할 수 없어"와 같은 말을 하지 말아야 합니다. 아이에게는 스스로 하고자 하는 '욕구'가 있습니다. 부모의 역할은 상식적인 선에서 아이가 스스로 이 욕구를 충족하고 충동적인 생명력을 따를 기회를 주는 것입니다. 아이가 스스로 선택한 활동과 놀이를 하게 해주어야 합니다. 아이는 장난감보다 실제 사물을 가지고 활동하고 싶어 한다는 사실을 받아들여야 합니다. 아이에게 어른처럼 할 기회를 주세요. 특히 아이가 해야 하는 일이나 하고 싶어 하는 일을 대신 하지 마세요.

아이를 주의 깊게 관찰하면 아이가 주도적으로 하는 행동을 중단시키거나 개입하기 전에 멈춰 서서 생각해볼 수 있습니다. 아이가 하는 말(때로는 불쾌한 소음일 때도 있습니다), 관계에 대한 욕구, 움직임(위험할 때도 있고 소란스러울 때도 있습니다)을 받아들이고 이해하는 것만큼 아이에게 좋은 선물은 없습니다. 이 시기의 아이는 민감기를 겪고 있다는 사실을 항상 염두에 두고 아이에게 학습하기 좋은 환경을 마련해줌으로써 발달을 도와주어야 합니다.

아이에게는 질서가 필요합니다. 아이와 함께 방을 정리하면 아이가 사용한 물건을 제자리에 놓는 습관을 기를 수 있습니다. 나중에는 반사적으로 정리하게 되지요. 몬테소리 교실에서는 하나의 활동을 마치고 나면 사용한 교구를 제자리에 두기 전에는 다른 교구를 꺼낼 수 없게 합니다. 아이는 질서를 좋아하고, 질서 있는 환경에서는 자연스럽게 정리정돈을 합니다. 물론 정리하는 습관을 기르기까지는 꽤 시간이 걸립니다.

외부 환경의 질서가 잘 유지되면 내면의 질서, 다시 말해 사고를 체계화하기도 쉽습니다. 정리하는 법을 배우는 것은 두려움이 아니라 사랑 속에서 이루어져야 합니다. 아이에게 올바른 본보기를 보여주고, 정리가 지루한 작업이 아니라 활동의 한 부분이라고 여기게 해야 합니다. 처음에는 아이와 함께 정리하는 것이 좋습니다. 자기 물건을 정리하고 돌보는 일은 아이를 행복하게 만듭니다. 그리고 아이는 자기 물건에 대해 자부심을 품게 됩니다.

만 6~12세

만 6세에서 12세에는 자율성, 독립성, 책임감을 키울 수 있도록 아이의 성격에 맞는 환경을 준비해주어야 합니다. 그리고 아이가 스스로 환경을 정돈하는 데 필요한 것들을 모두 사용할 수 있게 마련해주어야 합니다. 아이에게는 자기 물건을 종류별(옷,

장난감 등)로 직접 정리할 수 있는 정돈된 환경이 필요합니다. 방 한쪽에는 서재 같은 공간을 마련해주는 것도 좋습니다. 이 시기의 아이에게는 독서가 매우 중요하기 때문이지요. 아이와 함께 동네에 있는 서점이나 도서관을 주기적으로 방문하는 것도 바람직합니다.

장난감과 다른 사물들(쌍안경, 확대경, 투명 양동이, 창의 활동 교

구 등)을 이용해 아이의 호기심을 키우고 세상에 대한 열린 눈을 갖게 해주도록 합니다. 반면 게임, 인터넷, 텔레비전 등은 제한하는 것이 좋습니다. 아이에게 영상을 보여준다면 다큐멘터리나 좋은 영화, 텔레비전 프로그램 위주로 보여주세요. 미디어 노출에 관한 결정을 내리고 제한을 둘 때는 그 기준이 명확하고 공정해야 하며, 아이가 잘 이해할 수 있도록 설명을 충분히 해야 합니다. 아이의 미디어 노출에 대해 고민이 많다면 정신분석가 세르주 티스롱(Serge Tisseron) 박사의 조언을 읽어보기를 추천합니다(310쪽 참고 문헌 참고).

아이가 직접 물건을 사거나 정보를 수집하고 다른 사람과 함께 하던 활동을 혼자 해나가는 등 더 넓은 세상으로 나아갈 수 있게 마음의 준비를 시켜야 합니다. 처음에는 아이와 함께하다가 점차 아이가 독립적으로 해나가도록 한 걸음 떨어져서 지켜봅니다. 그리고 아이가 친구와 둘이서 또는 여럿이 어울려 놀 수 있게 해주어야 합니다. 아이가 휴식, 안정, 놀이, 일상생활에서 해야 할 일 사이의 균형을 잘 유지하면서 독립심을 키울 수 있는 활동을 계획하는 것이 좋습니다.

이 시기의 아이에게는 사회적·지적·신체적 영양분을 충분히 공급해주어야 합니다. 체육 활동뿐만 아니라 아이의 흥미와 연관된 손으로 하는 활동, 예술 활동도 다양하게 체험할 기회를 주어야 합니다.

집에서 보내는 일상은 사회적 삶을 미리 연습하는 기회이기도 합니다. 따라서 아이에게 식사 준비를 돕게 하거나 심부름, 청소, 자기 물건 정리하기 같은 집안일을 맡겨보는 것도 좋은 방법입니다. 함께 재활용 쓰레기를 분리수거하는 것도 좋고요.

아이의 발달을 돕는 환경 꾸미기

아이의 발달단계에 맞게 집 안 환경을 바꾸어주어야 합니다. 한마디로 집은 아름답고, 안전하고, 질서 있고, 아이가 마음껏 활동할 수 있는 공간이어야 합니다. 가구를 아이의 성장에 맞게 바꾸고 공간을 아이의 필요에 따라 정비합니다.

아이가 태어나면 바로 사용할 수 있도록 몸을 꼭 감싸는 코쿤 형태의 작은 토퍼(토폰치노)를 미리 준비하는 것이 좋습니다. 이것으로 신생아의 몸을 폭 감싸면, 아이는 마치 엄마 배 속에 있는 것과 같은 편안함과 안정감을 느낍니다. 아이가 좀 더 자라면 자유롭게 움직일 수 있도록 합니다. 몬테소리는 아이가 원하는 대로 자세를 취할 수 있게 네모난 모양의 침대를 사용할 것을 권장했습니다. 특히 높은 침대를 쓰면서 아이가 떨어지는 것을 막기 위해 울타리를 치는 대신 아이가 편하게 오르내릴 수 있고 낙상 사고의 위험도 적은 저상형 침대를 추천했습니다(『몬테소리 기적의 육아: 0-36개월』 참고).

아이의 식탁 의자 역시 성장 단계에 따라 바꾸는 것이 좋습니다. 의자는 아이가 바른 자세로 앉을 수 있고, 발이 공중에 뜨지 않게 발받침이 있거나 의자 높이가 낮아서 앉았을 때 발이 바닥에 닿는 제품을 선택합니다. 식탁도 의자에 맞춰 높이를 조절할 수 있는 제품이 좋습니다. 여러 브랜드에서 높이를 조절할 수 있는 식탁과 의자를 선보이고 있습니다. 세면대에는 아이 키에 맞게 발판이나 계단을 놓아주고, 현관에는 아이가 스스로 신발을 신고 벗을 수 있게 낮은 벤치나 의자를 둡니다.

아이 방에 걸어놓는 그림이나 사진, 거울 등도 아이가 즐겁게 볼 수 있는 높이인지 확인합니다. 옷걸이나 옷장, 선반도 아이의 손이 닿는 높이를 고려하여 배치하는 것이 좋습니다. 아이의 몸에 비해 너무 큰 장난감 정리함보다는 적당한 크기의 정리 상자에 장난감을 정리하게 합니다. 정리함이 너무 크면 아이가 장난감을 종류에 상관없이 엉망진창으로 뒤섞으려고 할 것입니다. 상자 안의 내용물을 알아볼 수 있게 바깥에 장난감 사진이나 그림, 스티커를 붙여두는 것도 좋습니다. 그리고 상자는 아이의 손이 닿는 곳에 놓아둡니다.

아이에게 장난감을 줄 때는 모든 장난감을 한꺼번에 주지 말고 몇 개는 가지고 놀게 주고 나머지는 보이지 않는 곳에 두었다가 번갈아가며 제시합니다. 이렇게 장난감을 교대로 제시하면 같은 장난감으로도 아이의 관심과 흥미를 새롭게 자극할 수 있습니다. 장난감을 새것으로 바꾸어주고자 할 때는 아이가 가장 좋아하는 장난감은 두

고 나머지 것들을 교체합니다.

방이나 거실 한쪽 구석에 아이가 자유롭게 창작 활동을 할 수 있는 공간을 마련해 주는 것도 좋습니다. 물감이나 크레용 자국이 남거나 젖은 붓을 떨어뜨릴 수도 있으니 바닥이나 벽지가 망가지지 않게 미리 조처를 해둡니다. 무엇보다 아이에게 물건을 오래 사용하려면 쓰고 난 뒤에 씻고 정리해야 한다는 사실과 어떻게 정리해야 하는지를 알려주는 것이 중요합니다. 그리고 부모가 먼저 시범을 보여줍니다.

간단한 집안일은 아이에게 맡기는 것도 하나의 방법입니다. 아이 방이 넓다면 여러 가지 일을 맡겨도 됩니다. 자기가 있던 자리 치우기, 이불 정리, 자기 옷 개기, 입을 옷 고르기, 옷이 더러운지 깨끗한지 스스로 판단하기, 빨래통에서 색깔 옷과 흰옷 구별하기, 물건 가져오기, 자기가 떨어뜨린 물건 줍기, 휴지통에 쓰레기 버리기 등과 같은 사소한 일을 아이가 책임지고 맡아서 할 수 있게 하세요.

일상생활 활동의 중요성은 아무리 강조해도 부족합니다. 아이의 집중력과 정리 능력이 모두 필요한

활동이지요. 게다가 이러한 활동을 통해 아이는 독립적이고 주어진 일을 할 수 있는 능력이 있는 사람으로 자라며 자기 자신을 자랑스러워하게 됩니다.

주방에도 아이가 할 수 있는 일이 있습니다. 과일 자르기, 식탁 닦기, 식기세척기에서 설거지가 된 그릇 꺼내기 등을 도울 수 있습니다. 이러한 활동은 부모가 먼저 시범을 보여주는 것이 좋습니다. 아이가 활동의 모든 단계를 이해할 수 있도록 연속 동작으로 쪼개서 보여줍니다.

욕실에서도 수도꼭지 틀고 잠그기, 칫솔에 치약 짜기, 세면대 사용 후에 깨끗이 닦기 등 아이에게 시범을 보여주어야 할 것들이 많습니다. 물론 시간은 걸리겠지만, 아이와 부모 모두에게 유용한 시간이 될 것입니다.

아이는 나이에 따라 발달 속도가 다르므로 인내심을 가지고 기다려주어야 합니다. 시간에 쫓겨서 긴장하지 않도록 항상 시간 여유를 주는 것이 좋습니다. 아이는 몸을 씻고 머리를 단장하며 자기 자신을 돌보는 법을 배웁니다. 욕실 한쪽에 머리를 스스로 손질할 수 있도록 브러시나 꼬리 빗을 놓아두세요. 여자아이의 경우 머리핀과 고무줄을, 남자아이의 경우 왁스나 젤 같은 것을 같이 두어도 좋습니다.

아이의 옷도 발달단계에 맞게 바꿔주

어야 합니다. 옷은 아이가 입고 생활하는 가장 밀접한 환경입니다. 아이가 잘 움직일 수 있도록 편한 옷을 입혀주세요.

그 밖에 끈 묶기/풀기, 단추 끼우기/풀기, 똑딱단추 눌러 잠그기, 지퍼 닫기 등을 연습하도록 해주세요. 이런 활동을 연습할 수 있는 소근육 교구나 입지 않는 옷을 활용하면 됩니다.

이렇게 실생활에 필요한 기술을 연습하면서 아이는 활동에서 비롯되는 즐거움뿐만 아니라 자율성과 안정감도 얻습니다. 어느 시기가 되면 벨트와 찍찍이가 달린 신발을 능숙하게 신고 벗을 수 있습니다. 아이가 크면 복장도 점점 복잡해집니다. 아이가 끈을 스스로 잘 묶을 수 있다면 끈으로 매는 신발을 사주는 것도 좋습니다.

스스로 먹을 수 있도록 도와주세요

아이는 배가 고프면 허기를 느낍니다. 이때 식욕에 맞게 적당한 양을 섭취하는 것이 중요합니다. 아이가 먹을 양을 직접 정하지 않았는데 그릇에 담긴 음식을 다 먹으라고 강요하는 것은 바람직하지 않습니다. 아이가 배고픈 정도에 따라 스스로 먹을 양을 정하게 하거나, 원하는 만큼 직접 음식을 덜어 먹게 하는 것이 좋습니다. 남은 음식을 버리는 것은 너무 아깝지요. 아이가 다 먹을 수 없을 정도로, 혹은 원치 않는데 너무 많이 떠서 남은 음식을 버리는 대신 애초에 음식을 조금만 덜고 더 달라고 하면 그때 더 주는 것이 바람직합니다.

어떤 이들은 음식을 남기지 말고 다 먹어야 한다고 생각합니다. 우리가 어렸을 때부터 음식을 남기지 말아야 한다는 말을 줄곧 들어온 것은 사실이지만, 과연 이것이 반드시 지켜야만 하는 원칙일까요? 기아 문제가 심각한 나라에서는 음식을 남기고 버리는 행위에 대한 인식이 바뀌지 않겠지만, 일반적으로 비도덕적인 행위는 아닙니다. 억지로 음식을 남기지 말라고 강요하면 배고플 때만 먹고자 하는 자연스러운 반사 신경을 잃을 수도 있으며, 이는 장기적으로 볼 때 건강에 심각한 결과를 초래할 수도 있습니다.

식사할 때 중요한 것은 건강을 유지하고 포만감을 아는 것입니다. 부모와 마찬가지로 아이의 식욕도 존중받아야 마땅합니다. 아이의 식욕을 존중하면, 몸과 마음을 풍요롭게 하는 교류의 시간이어야 하는 식사 시간이 힘겨루기나 심지어 고문이 되는 것을 막을 수 있습니다. 그렇지 않으면 부모는 물론이고 아이도 식사에 대한 그릇된 인식을 갖게 됩니다.

"밥 다 먹을 때까지 움직이지 마"라고 하면서 식탁에 아이를 억지로 붙잡아두는 것도 우리가 하지 말아야 할 행동 중 하나입니다. 아이가 가끔 밥을 잘 안 먹는다고 해서 그렇게까지 걱정할 이유가 있을까요? 식욕과 식사량은 천차만별입니다. 원래 식욕이 거의 없고 입이 짧은 사람도 있고, 식욕이 왕성하고 많이 먹는 사람도 있지요. 식사량은 보편적인 기준에 따라 정하는 것이 아닙니다.

어른의 식욕이나 식사량도 그때그때 달라집니다. 그러니 아이의 식욕도 존중해주세요. 우리가 음식과 맺는 관계를 다룰 때는 매우 신중하게 접근해야 합니다. 많은 이가 음식과 맺는 관계에서 고통을 느끼고 섭식장애를 앓고 있습니다. 아이가 차분히 식사할 수 있도록 배려해야 합니다. 한편 끼니에 제공되는 음식을 모두 맛보는 것도 중요합니다. 모든 음식을 다 좋아하지 않아도 괜찮지만, 적어도 한 번씩은 먹어보아야 한다고 잘 설명해주세요. 먹어보지 않고는 맛을 평가할 수 없으니까요. 그리고 일단 맛을 보아야 자기가 어떤 음식을 좋아하는지 알 수 있다고 설명해주세요. 커가면서 다양한 맛을 좋아하게 된다는 사실도 알려주어야 합니다.

아이의 입맛을 존중해주세요. 여러분은 식사에 초대한 친구에게 무조건 음식을 다 먹어야 한다고 강요하나요? 아이가 편식하지 않고 무엇이든 잘 먹기를 바란다면 억지로 강요하기보다는 아이가 먹는 속도를 존중해주세요.

한계

아이가 자유로운 어른으로 자라는 데 도움을 주기 위해서는 한계를 지키는 법도 가르쳐야 합니다.

환경적 한계

환경적 한계란 우리가 살아가는 반경에서 정해놓은 규칙으로 나라와 시대에 따라 다릅니다. 예를 들면 우리나라에서는 '안녕하세요', '고맙습니다', '실례하겠습니다'라고 말하고, 상대방에 따라 존댓말이나 반말을 사용합니다. 프랑스에서는 방 안에 들어갈 때는 목소리를 낮추거나 하던 말을 잠시 멈추는 것이 예의입니다(원문과 달리 독자의 이해를 돕기 위해 프랑스어 인사말 대신 한국어 인사말을 넣었고, 존댓말/반말에 관한 내용을 추가함–옮긴이).

환경적 한계는 다소 좁은 범위의 환경, 즉 가족 구성원들의 습관도 포함합니다. 예를 들면 어떤 가정에서는 일찍 잠자리에 들지만,

같은 시간 다른 집에서는 늦은 저녁 식사를 하기도 합니다. 어떤 집에서는 샤워를 아침에 하지만 다른 집에서는 밤에 합니다. 이처럼 가족의 생활습관도 환경적 한계에 속하며, 아이는 다양한 환경에서 지내면서 다양한 생활습관이 있다는 것을 알게 됩니다.

이러한 규칙을 아이에게 명확하게 알려주어야 합니다. 그리고 이러한 생활 규칙을 긍정적으로 받아들일 수 있도록 엄격하면서도 유연한 태도를 유지해야 합니다.

부모의 한계

아이의 자유가 존중받으면서 자랄 수 있도록 도우려면 부모를 위해 지켜야 하는 한계도 생각해야 합니다. 다시 말해 부모의 자유도 고려해야 하지요. 이를 위해 부모의 욕구를 아이가 충분히 이해할 수 있도록 잘 표현해야 합니다. 그리고 피로, 질병, 화, 걱정 등 여러 가지 상황이 부모의 허용 한계에 영향을 미친다는 점을 아이에게 이해시켜야 합니다.

아이에게 솔직한 모습을 보여주되, 우리의 기분에 아이를 휩쓸리게 해서는 안 됩니다. 우리의 욕구, 필요와 감정을 아이에게 명확하게 설명하고 표현합니다. 부모라고 해서 완벽할 필요도, 감정을 늘 한결같이 유지할 필요도 없습니다. 모든 인간이 그렇듯이 부모도 변합니다.

아이를 대할 때 부모에게는 하나의 역할만 주어지지 않습니다.

그래서 부모들 사이에서도 아이의 교육에 관해 서로 다른 의견을 가질 수 있습니다. 이러한 사실을 아이에게도 알려주세요. 의견이 서로 다를 때, 우리는 각자의 생각을 표현해야 합니다. 어른이라고 항상 뜻을 모아야 할까요? 그렇게 생각한다면 여러분 자신을 속이는 것입니다. 그리고 아이를 속이는 것이기도 하지요.

어른도 의견을 바꿀 수 있습니다. 어른이라고 해서 원래 가지고 있던 생각을 완고하게 지켜야 할 필요는 없습니다. 아이와 대화를 하다가 실수하면 아이에게 사과할 줄도 알아야 합니다.

어떤 이들은 아이가 부모를 안정적인 존재로 여겨야 하는데, 부모가 이렇게 행동하면 아이에게 혼란을 줄 수 있다고 주장합니다. 저는 오히려 반성하는 모습, 특히 공정하지 못한 행동을 할 때 자기 비판적인 자세로 반성하면 아이에게 안정감을 줄 수 있다고 생각합니다. 사실 아이에게 항상 최선을 다하기란 매우 힘든 일이라서 화를 내고 후회를 하는 상황이 간혹 생깁니다. 이때 그냥 후회하기보다는 상황을 인정하는 편이 더 낫습니다.

이처럼 진실한 마음으로 아이와의 관계에 접근한다면 더욱 진솔하게 소통할 수 있습니다. 한쪽이 진실한 태도를 보이면 다른 한쪽도 그렇게 되기 마련입니다. 그러면 아이와 더 잘 소통할 수 있습니다. 아이가 청소년기를 지나는 동안 부모와 자녀 사이에서 진실한 소통이 얼마나 중요한지는 새삼 말할 필요도 없겠지요.

부모가 아이를 잘 돌보기 위해서는 먼저 자기 자신을 잘 돌봐야 합니다. 재충전할 시간을 충분히 가져야 합니다. 자기 자신을 존중하는 부모가 아이를 존중할 수 있습니다. 휴식과 자기계발에 대한 욕구를 잊지 마세요. 아이가 원하는 것은 행복한 부모이지, 자기 삶은 뒷전인 채 아이가 죄책감을 느낄 정도로 자식만을 위해 희생하는 부모가 아닙니다.

밖에서 일하는 부모는 집에서 아이와 보내는 시간이 너무 부족하다고 생각합니다. 반면에 전업으로 집안일과 육아를 하는 부모는 가끔 자신이 뒤처졌다고 생각합니다. 완벽한 균형이란 없습니다. 각자 자기 내면의 깊은 곳에서 들리는 목소리를 따라 삶의 균형을 찾아야 합니다. 그리고 이 균형은 부모와 자녀의 나이에 따라 달라질 수 있습니다. 함께 보내는 시간의 양보다 질이 아이에게 더 중요합니다.

부모가 함께 보내는 시간의 질은 내면의 가용성(아이의 욕구에 민감하게 반응하고 이를 충족시켜줄 수 있는 능력-옮긴이)에 따라 결정됩니다. 자신의 욕구를 충족시키고자 노력하고 자기 인생을 위해 시간을 투자하는 부모가 가용성이 더 높습니다. 사람은 평생 자기 욕구를 억누르며 살 수는 없습니다.

우리는 욕구를 표현할 줄 알아야 합니다. 너무 피곤해서 조용히 쉬고 싶을 때는 충분히 휴식을 취해야 합니다. 체력이 넘치는 다른 날처럼 아이에게 신경 쓸 여유와 인내심이 없습니다. 아이에게 우리의 감정과 욕구를 표현해야 아이가 우리의 상태에 맞춰 행동할 수 있습니다. 반대의 경우도 마찬가지이고요.

마지막으로, 아이들도 다른 사람들처럼 기분이 좋은 날도 있고, 기분이 나쁜 날도 있습니다. 모든 것이 지겹고 힘들 때는 '이 또한 지나가리라'라고 속으로 되뇌세요. 우리에게도 마찬가지로 힘든 날도 있고 더 수월한 날도 있습니다. 우리 자신에게도, 아이에게도 너무 엄격하게 굴지 마세요. 세상에는 완벽한 부모도, 완벽한 아이도 없으니까요!

아이의 한계

부모와 마찬가지로 아이의 기분도 고려해야 합니다. 아이가 몹시 실망하고 좌절할 때는 행복하고 기쁠 때와 같은 방식으로 대해서는 안 됩니다. 우리가 대화할 때는 서로의 기분을 고려해야 합니다. 우리는 아이를 존중하면서 아이에게 타인을 존중하는 법을 가르쳐야 합니다. 이렇게 상호존중을 배웁니다.

모든 감정은 있는 그대로 받아들여야 하며 고려해야 합니다. 감정을 부정하지 말아야 합니다. 아이에게 공감하고, 아이의 기분을 세심하게 신경 쓰고, 아이의 처지에서 생각하고, 우리 내면에 잠자고 있는 아이 같은 모습을 깨워보세요. 그리고 아이가 분노와 좌절감을 표출할 수 있도록 도와주세요. 그러한 감정을 말로 표현할 수 있도록 도와주세요.

우리가 아이와 보내는 행복한 순간들이 하나둘씩 쌓여 서로 의지하고 신뢰할 수 있는 원천이 됩니다. 이 신뢰의 원천은 아이에게도 필요하지만, 부모인 우리에게도 중요합니다. 아이가 자라면 이 순간들을 되짚어보며 추억으로 살아갈 것이기 때문입니다. 아이가 어릴 때는 부모에게는 분명 피곤하고 힘든 시기이지만, 사랑으로 가득 찬 시기이기도 합니다. 그 사랑은 우리가 살아가면서 절대 잊을 수 없는 보물이지요. 사랑은 아이를 만들고 부모를 성장시킵니다.

재미와 소비를 좇지 않고도 아이를 잘 키울 수 있습니다. 아이가 자라고 꽃피우는 모습을 지켜보는 것이 얼마나 감사한 일이었는지를 아이와 함께 이야기하세요. 소유하는 것보다 존재하는 것이 더 중요하다는 사실을 아이에게 알려주세요. 아이를 따뜻한 시선으로 바라보는 것만큼 소중한 행복의 원천은 없습니다.

부서진 비스킷
신드롬

카트린 뒤몽테이크레머
(Catherine Dumonteil-
Kremer)

부서진 비스킷 신드롬은 부모가 이해할 수 없는 아이의 좌절감을 잘 보여주는 좋은 예입니다.[7]

아이가 유치원에서 끔찍한 하루를 보냈거나 동네 놀이터에서 다른 아이에게 호되게 당하고 집에 왔습니다. 온갖 부정적인 감정에 휩싸여 있는 아이에게 부모가 건넨 비스킷이 절반으로 쪼개집니다. 아이는 갑자기 불같은 분노에 사로잡힙니다. 아이는 온종일 마음속에 쌓아둔 울분을 마구 뱉어냅니다. 지금 아이는 아주 중요한 일을 하고 있습니다.

아이는 감정을 덜어내기 위해 '변덕'을 부리기도 합니다. 아이가 언제 이런 행동을 하는지 알아도 아이의 요구를 충족시킬 수 있는 해답을 찾지 못할 때가 많을 거예요. 이런 상황에서 아이의 엉덩이를 찰싹 때리는 부모도 종종 있습니다. 하지만 아이는 그런 반응이 아니라 긴장을 해소할 기회를 원할 뿐입니다.

아이는 부정적인 감정을 비우면서 자신을 가로막는 멍에에서 해방됩니다. 그 후 상냥하고 협조적이며 삶에서 기쁨을 찾는 자연적인 성향을 되찾게 됩니다.

> **아이가 다루기 어려운 감정에 사로잡혀 있을 때는 비록 우리가 이해할 수 없다 하더라도 아이에게는 그럴 만한 이유가 있다는 사실을 믿어야 합니다. 그리고 아이에게 도움을 주어야 합니다. 다시 말해 아이의 말에 귀를 기울여야 합니다.**

---

7 Catherine Dumonteil-Kremer, *Élever son enfant autrement*, La Plage, 2009. (『우리 아이 특별하게 키우기』, 국내 미출간)

영재 가스통의 이야기

몬테소리 학교 학생 가스통 (만 7세)의 어머니

2년여 전 4세였던 아들 가스통은 유치원에 잘 다니고 있었습니다. 그런데 어느 날 갑자기 정신적인 장벽에 부딪혔습니다. 저는 해결책을 찾아 헤매다가 우연히 몬테소리 교육에 대해서 알게 되었습니다. 제 아들은 IQ 검사를 받았고, 프랑스영재협회(AFEP)의 설명을 통해 가스통이 또래에 비해 인지 발달이 남다르다는 사실을 알게 되었습니다. 이러한 이유로 영재들은 이해를 받지 못하고 어려움을 겪습니다. 지능이 고도로 발달한 아이들은 매우 똑똑하니까 항상 모든 상황을 잘 헤쳐나갈 수 있으리라는 잘못된 고정관념이 있습니다.

당시에는 정말 힘들었습니다. 아이가 우울해했고 무기력해져서 여러 가지 거부 반응을 보였습니다(공, 영어, 옷에 달린 단추, 특정 동물에 대한 과도한 공포). 그래서 아이에게 맞는 교육 시스템을 찾아야만 했지요. 아이는 계속해서 반항적인 모습을 보였고, 하루하루가 전쟁이었습니다. 유치원에 가지 않으려 했고, 유치원에 대해 말하는 것조차 극도로 싫어했습니다. 이제 4세밖에 안 된 아이가 말이지요!

저희 아이가 다녔던 공립학교의 유치원은 아이에 관한 대화나 아이의 적응 문제에 대해 폐쇄적인 태도를 보였습니다. 부모인 우리에게 문제가 있고, 기관은 이 문제와 전혀 관련이 없는 듯한 태도를 보였던 것입니다. 저는 어떠한 자비심도 느낄 수가 없었고, 저희 아이를 진심으로 생각해주는 사람은 아무도 없다는 사실에 큰 충격을 받았습니다. 공립학교 유치원에는 자기방어에 급급한 관료주의자들과 경직된 체계만 존재할 뿐이었습니다. 저희는 누구의 탓도 하지 못하고 오직 아이만을 생각하며 해결책을 찾고 또 찾았습니다.

그러던 중 인터넷에서 몬테소리 교육에 관한 내용을 우연히 보게 되었습니다. '영재에게도 맞는' 교육이라는 설명을 보았지요. 룩셈부르크에서 일하던 제 친구가 예전에 자기 아이들이 다니는 몬테소리 학교의 장점에 관해 이야기를 많이 해줬던 것이 기억이 났습니다. 하지만 당시 저희는 몬테소리 학교나 교육에 대해서 아는 것이 전혀 없었어요.

저희는 몬테소리 유치원에 등록하기로 했습니다. 하지만 가스통은 키가 작았고, 나이에 비해 손이 야무지지 못했으며, 사회성이 많이 부족한 상태였습니다. 친구와 일대일 상호작용은 그럭저럭하는 편이었지만, 여러 명의 친구와 집단으로 활동하는 것은 극도로 싫어했습니다. 그래서 월반을 하지 않고 자기 나이에 맞는 반으로 입학을 신청했습니다. 자기 나이보다 높은 반에 가기에는 아직 아이가 정서적으로 너무 어리다고 생각했기 때문이었지요.

당시에는 몬테소리 교육이 저희 아이에게 어떤 결과를 가져다줄지 상상조차 할 수 없었습니다.

가스통이 몬테소리 유치원에 다니기 시작한 지 2년 반이라는 시간이 흘렀고 그동안 아이에게 일어난 변화는 엄청났습니다! 6개월 만에 아이는 완전히 변했고 성숙해졌습니다. 여러 가지 거부 반응이 사라졌으며 삶에 대한 행복과 기쁨을 되찾았습니다. 저희는 아이의 변화에 경탄을 금치 못했습니다.

주변 사람들 모두가 아이의 달라진 모습을 보고는 무슨 일이 있었길래 그토록 폐쇄적인, 심지어 반항적이었던 아이가 이렇게 긍정적이고 적극적으로 변했는지 물었습니다. 저희는 그냥 유치원을 옮겼고, 아이가 이제는 어떤 모습이 되기를 강요받지 않고 자기 자신을 있는 그대로 받아들여주는 환경에서 생활하게 되었다고 대답했습니다. 사실 가스통은 유치원을 옮긴 첫날부터 인정받고 이해받는 느낌을 받았습니다. 유치원을 옮기고 2개월이 지났을 무렵 아이는 저에게 "엄마, 다른 학교는 다 문을 닫아야 해요. 몬테소리 학교만 지어야 해요!"라고 말했습니다. 소심하고 내성적인 만 4세 아이의 말에는 많은 것이 내포되어 있겠지요.

담임 선생님과 처음 상담을 할 때부터 선생님이 저희 아이를 정말 잘 알고 있다는 느낌을 받았습니다(심지어 부모인 우리보다 말이지요). 그리고 선생님들이 아주 섬세하게 아이를 배려하고 있다는 것도 느꼈지요. 그전에는 선생님이 저희 아이를 정말로 잘 이해한다는 느낌을 받은 적이 없었습니다. 마침내 저희 아이를 이해하고, 아이가 느낀 어려움과 거부감을 고려해주는 선생님을 만나게 된 것이었지요. 아이는 자신에게 맞는 교육을 받은 것은 물론 자기 모습 그대로 사랑받게 되었습니다.

저희는 아이가 전과 다른 점을 느끼고 빠르게 성장하는 모습을 볼 수 있었습니다. 마침내 그 결실을 거두었습니다. 가스통은 더는 동물도, 공도 무서워하지 않게 되었습니다. 영어로 말하는 것도 좋아하게 되었고, 7세가 되면 다른 외국어도 배우고 싶다고 합니다. 마침내 배움에 대한 목마름을 해소할 수 있어서 이제 학교 수업에서 커다란 만족감을 느낍니다.

몬테소리 교사들은 학습뿐만 아니라 가스통이 끝없이 하는 모든 질문에 답해주기 위해 항상 관심을 기울입니다. 아이가 지능적으로는 성숙하지만 감정은 제 나이에 맞게 발달하고 있어, 이런 지능과 감정 발달에 따른 차이로 인해 불안감을 느끼지 않도록 세심하게 배려를 해줍니다.

예전에는 사회성이 많이 부족했던 아이가 교실에서도 편하게 잘 지내고 반에 소속감도 느낍니다. 가끔은 자기가 나서서 활동을 이끌 수 있을 것 같다고도 합니다. 이제 완벽하게 적응하고 학급 친구들과 잘 어울립니다. 아이는 자신감을 얻었습니다. 그리고 신체적으로도 많이 성장했습니다.

또 눈에 띄게 달라진 부분이 있었습니다. 가스통은 누군가 자신에게 명령하거나 지시를 내리면 매우 적대적인 태도를 보였는데, 몬테소리 유치원으로 옮긴 뒤로는 조금씩 지시를 받아들이고 존중하기도 합니다. 불과 몇 달 전만 하더라도 상상할 수 없었던 일이지요. 최근 담임 선생님과 한 상담에서 가스통이 교사의 지시를 제약이 아니라 폭넓은 자유를 누리며 자신의 창의력을 발휘할 수 있는 틀로 받아들였다는 이야기를 들었습니다. 자율성도 점점 키워가고 있고요. 가스통은 이전에는 겁이 많고 불안감이 심해서 중학교 진학을 차마 상상할 수 없을 정도였는데, 몬테소리 유치원에서는 엄청난 적응력을 보여주었습니다!

요즘 저와 남편은 아이의 '행복한' 모습에 감탄하곤 합니다. 그리고 아무도 자기를 이해해주지 않았던 일반 유치원에서 2년 동안 아이가 느꼈던 고통을 떠올리면 눈물이 차오릅니다. 이제 저희 아이는 하루하루 엄청난 충만함을 누립니다.

저희 부부도 많이 바뀌었습니다. 몬테소리 교사들이 저희 가족을 믿고 기다려준 인내심과 본보기로 보여준 모습에 영향을 받아 전보다 더욱 유연한 태도로 아이를 대하게 되었습니다. 아이와 더 잘 소통하고, 아이의 상태에 더 많은 관심을 기울이게 되었습니다. 몬테소리 교사들과 폭넓게 교류하며, 학교와 우리가 모두 가스통을 위해 팀으로 협동하고 있다는 느낌을 받습니다. 담임 선생님은 항상 아주 정확하고 세심하게 아이의 상황을 분석합니다. 그래서 저와 남편은 선생님의 따뜻한 조언을 매우 주의 깊게 경청하지요.

이렇게 교사와 깊은 대화를 나누면서 우리도 아이의 성장과 자아실현의 주체가 되었습니다. 아이가 예전에 다니던 유치원에서 상담할 때면 우리는 죄책감을 느끼고 길을 잃은 것 같았습니다. 하지만 지금은 완전히 다릅니다. 저희 부부는 저희 아이들을 돌봐주시는 선생님들에게 항상 감사한 마음을 갖고 있습니다. 둘째 아이는 가스통처럼 영재는 아니지만 몬테소리 유치원에 같이 다니고 있습니다. 몬테소리 교육은 모든 아이에게 맞는 활동과 환경을 제공하기 때문이지요. 우리는 몬테소리 교육이 각각의 아이가 저마다 지닌 특성을 받아들이고, 사랑으로 감싸며, 모든 아이의 발달을 돕는다는 사실을 직접 눈으로 확인했습니다.

또한 몬테소리 교육의 중심에는 아이가 있으며, 교사의 이익보다 아이를 위하는 마음을 우선으로 하는 모습을 보았습니다. 그렇다고 해서 몬테소리 교사들이 아이들을 왕처럼 떠받든다는 뜻은 아닙니다. 오히려 그 반대로 아이들을 위한 진정한 교육자의 태도를 보여줍니다. 저희 가족은 몬테소리 학교에서 서로 돕는 마음과 유대감을 오롯이 느낍니다. 몬테소리 학교에서는 기초 학습뿐만 아니라 다른 사람과 함께 살아가기 위한 태도와 자질도 가르칩니다. 그래서 아이가 지닌 모든 자질을 균형 있게 키울 수 있습니다.

몬테소리 교육 덕분에 아이의 삶이 꽃을 피우고 있습니다 -------------------------

이제 가스통은 아주 조화롭게 성장하고 있습니다. 자기 생각과 감정을 많이 표현합니다. 한때는 문제로 여겼던 예민한 성격이 지금은 장점이 되었습니다. 유치원에 가기 싫어했던 아이가 이제는 매일 아침 몬테소리 학교에 도착하면 드디어 숨통이 트인 것처럼 활짝 웃으며 교문을 뛰어 들어갑니다. 저희 남편도 아이에게 학교가 '숨 쉴 수 있는 곳'이 되었다고 말합니다. 저는 프랑스영재협회(AFEP)의 회원이 되었습니다. 그리고 그토록 힘겨운 시간을 보냈던 저희 아이를 일깨워준 몬테소리 교육의 장점을 열심히 전파하고 있습니다. 몬테소리, 만세!

만 3세부터 6세까지를 위한
부모표 몬테소리 활동

> **"어린이는 끊임없이 성장하고 있으며, 발달을 돕는 모든 것에 매혹되며 쓸모없는 활동에는 민감하지 않다."**
>
> 마리아 몬테소리, 『어린이의 비밀』

아이에게 장난감을 가지고 노는 것 외에도 일상생활을 체험할 기회를 주는 것이 좋습니다. 집에서 직접 여러 가지 일을 해보게 하는 것이지요.

아이가 스스로 하도록 하기 위해서는 부모가 먼저 시범을 보여주는 것이 좋은데, 활동의 동작을 단계별로 나누어 아주 천천히 보여주어야 합니다. 평소보다 동작을 훨씬 느리게 하여 아이가 세세한 부분까지도 잘 이해할 수 있도록 하는 것이지요. 여러 동작 중 하나를 완벽하게 하도록 연습하게 하는 것도 좋습니다. 이때 아이가 잘할 수 있을 것이라고 믿는 것이 중요합니다. 아이에게 해낼 수 없을 거라고 하거나, 그런 말을 하지 않더라도 아이가 그런 느낌을 받지 않도록 주의해야 합니다. 아이가 스스로 시도하고 조금씩 발전하는 모습을 지켜보세요. 아이는 부모의 따뜻한 시선에 힘을 얻습니다.

예를 들면 달걀흰자와 노른자를 분리하여 요리를 만드는 상황을 상상해봅시다. 아이에게 직접 달걀을 깨뜨리게 합니다. 어쩌면 노른자를 제대로 분리하지 못할 수도 있지만, 그런 걱정은 접어두세요.

아이에게도 그런 생각이 들지 않게 해야 합니다. 자꾸 걱정하다 보면 실패할 수도 있습니다. 어려운 작업을 할 때는 세부 동작을 단계별로 나눈 뒤 하나씩 하는 것이 좋습니다. 먼저 달걀을 깨는 연습을 하고, 그다음에는 흰자와 노른자를 분리하는 연습을 하는 것이지요.

집에서 몬테소리 교육을 할 때는 부모가 교사 역할을 하고 별도의 교구를 구입할 필요는 없습니다. 아이가 자신에게 맞는 활동을 자발적으로 선택할 기회를 주고, 아이의 선택을 존중하는 것만으로도 충분합니다.

영유아의 시각, 청각, 촉각, 미각, 후각, 운동 능력, 언어, 자조 능력을 자극할 수 있는 다양한 활동은 『몬테소리 기적의 육아: 0-36개월』에 소개되어 있습니다.

일상생활 활동

자기 몸 돌보기

- ★ 손 씻기
- ★ 이 닦기
- ★ 머리 빗기
- ★ 코 풀기
- ★ 단추, 똑딱단추, 찍찍이, 지퍼, 고리 채우기/풀기
- ★ 옷 입기
- ★ 바지 입고 잠그기
- ★ 신발 신기
- ★ 외투 입기
- ★ 장갑 끼기
- ★ 손수건 개기
- ★ 수건 개기
- ★ 옷 개기
- ★ 이부자리 정리
- ★ 옷 고르기
- ★ 끈 묶기
- ★ 매듭짓기
- ★ 구두 닦기

- ★ 얼룩 제거하기
- ★ 구슬 꿰기
- ★ 바느질하기

실외환경 돌보기

- ★ 씨 뿌리기, 식물 심기, 수확하기
- ★ 갈퀴로 낙엽이나 조약돌 모으기
- ★ 식물 돌보기
- ★ 물뿌리개로 식물에 물 주기
- ★ 호스로 식물에 물 주기
- ★ 잡초 뽑기
- ★ 동물 돌보기
- ★ 자연 관찰하기(식물의 발아, 올챙이, 새 등)

실내환경 돌보기

- ★ 비질하기, 먼지 털기, 청소하기
- ★ 카펫 말기/펼치기
- ★ 물기 말리기
- ★ 수도꼭지 열기/닫기
- ★ 빨래하기

- ★ 빨래 널기
- ★ 빨래집게 사용하기
- ★ 거울이나 사물 닦기
- ★ 유리창 닦기
- ★ 꽃병에 물 갈아주기
- ★ 꽃다발 만들기

주방일 돕기

- ★ 식탁 차리기
- ★ 식탁 치우기
- ★ 식탁 닦기
- ★ 과일이나 채소 씻기
- ★ 과일이나 채소 껍질 벗기기
- ★ 과일이나 채소 자르기
- ★ 과일즙 짜기
- ★ 집게를 이용해 음식 담기
- ★ 굽기, 요리에 간하기, 요리하기
- ★ 소스나 드레싱 붓기
- ★ 설거지하기
- ★ 씻은 그릇을 닦아 물기 제거하기
- ★ 식기세척기에 그릇 넣기/빼기

★ 통이나 상자에 든 내용물 옮겨 담기

★ 곡식 옮겨 담기(용기에서 다른 용기로)

★ 내용물 붓기(곡식, 쌀, 물 순서로)

★ 계량 눈금에 맞춰 붓기

★ 국자 사용하기

★ 스포이트 사용하기

★ 플라스틱 주사기 사용하기

★ 깔때기 사용하기

신체 활동

★ 소리 내지 않고 이동하기

★ 대근육 운동 놀이터

★ 몸으로 말해요(음악과 함께 혹은 음악 없이)

★ 사물을 들고, 나르고, 놓기

★ 의자를 들고, 나르고, 놓기

★ 보도 연석 위 걷기

★ 선 위 걷기(걸음걸이를 다양하게 하기, 손에 종을 들고 소리 내지 않고 걷기, 머리 위에 작은 모래주머니를 얹고 떨어뜨리지 않고 걷기, 작은 물건을 올린 숟가락을 입에 물고 떨어뜨리지 않고 걷기 등 다양한 규칙을 적용할 수 있음)

★ 문과 창문 여닫기

★ 맹꽁이자물쇠, 상자, 작은 병, 원통형 용기 등 여닫기

★ 조이기/풀기(나사, 원통형 용기, 마개나 뚜껑 등)

★ 사물을 고리에 걸기/고리에서 벗기기

★ 종이접기

★ 종이 자르기

★ 종이 찢기

★ 종이에 송곳으로 구멍 내기

★ 종이 붙이기

★ 연필 깎기

★ 사인펜 뚜껑 열기

★ 필통에 연필 정리하기

★ 망치를 이용해 코르크에 작은 못 박기

★ 창의 활동(본뜨기, 그리기, 손가락으로 물감칠하기, 붓으로 물감
  칠하기)

★ 소근육 놀이(블록이나 도형 끼우기, 조립 장난감, 퍼즐 등)

예절 갖추기

★ "안녕하세요", "안녕히 계세요", "부탁합니다", "감사합니다"
  등 말하기

★ 전화 받기

★ 다른 사람의 말을 자르지 않고 끝까지 듣기

★ 기다리는 법 배우기

★ 사과하기

★ 도움 요청하기

★ 눈 맞추기

★ 다른 사람 돕기

감각 활동

★ 색깔 놀이(같은 색깔 고르기, 같은 색 사물 찾기 등)

★ 촉감 놀이(매끄러운 표면과 거친 표면 만지기, 딱딱한 것과 말랑말랑한 것 만지기, 따뜻한 것과 차가운 것 만지기. 촉감 놀이를 할 때는 상반된 두 개념을 대조시키거나 하나의 개념을 단계적으로 차이를 두어 느끼게 함)

★ 직물 놀이(281쪽 참고)

★ 비밀 주머니

★ 분류 놀이(색깔, 크기, 주제에 따라 장난감 분류)

★ 냄새 알아맞히기

★ 맛 알아맞히기(같은 맛끼리 짝짓기)

★ 소리 알아맞히기(같은 소리끼리 짝짓기)

★ 소리 알아맞히기(동물 소리, 익숙한 소리 등)

★ 단계별로 조립하기(큰 것부터 작은 것 순으로, 짧은 것부터 긴 것 순으로 등)

언어 활동

★ 주변에 있는 사물 이름 말하며 어휘 확장하기(어렵거나 복잡한 단어도 상관없음)

★ 보물상자에 있는 물건 선택하고 이름 말하기

★ 책 읽기, 이야기 구성하기

★ 읽은 책 줄거리를 말하거나 이야기 지어내기

★ 노래하기(동요, 가사 지어 부르기)

★ 함께 이야기 상상하기

★ 이야기의 앞부분 들려주고 아이와 함께 뒷부분 지어내기

★ 아이에게 이야기나 문장을 읽어주고 그림 그리게 하기

★ 사진을 함께 보며 이야기 나누기

★ 아이의 사진을 넣어 아이의 역사책 만들기(아이의 성장 과정, 유치원에서 보낸 첫해, 방학 등 주제를 정해 만들어도 좋음)

★ 사물 퀴즈 맞히기(눈에 보이지 않는 곳에 물건을 감춘 뒤 묘사하고 아이에게 맞히게 하기)

★ 사물 퀴즈 내기(반대로 아이가 물건을 고르고 감춘 뒤 묘사하여 문제를 내게 하고 맞히기)

★ 채소나 과일, 사물에 관해 이야기하고 묘사하기

★ 신체 모든 부위, 농장 동물, 아이가 좋아하는 장소의 이름을 모두 나열하기(주제를 바꾸거나 친구와 번갈아가며 하나씩 이름 대기 등 놀이의 방식을 변형해도 좋음)

★ 주제별 또는 종류별 그림 포스터를 사용해서 다양한 생물과 사물에 관해 말하기(동물, 학용품, 장난감, 교통수단, 도구, 욕실용품, 주방용품 등)

★ 이야기 카드를 순서대로 나열하기

★ 침묵 놀이(최대한 조용히 하기, 최소한의 소음도 내지 않기, 멀리서 들리는 소리에 집중하기, 호흡 소리처럼 몸속에서 들리는 소리에 집중하기, 소리 내지 않고 이동하기 등 다양한 규칙 적용 가능)

★ 아이와 고요한 시간을 보내며 고요함 즐기기

★ 명절이나 행사에 관해 아이와 이야기하기

★ 사람/사물/상황에 대해 묘사하기

★ 감정 이야기하기

★ 역할극(예의범절의 개념을 알려주기 위해 역할극 하기 등)

★ 흉내 내기 놀이하기(말하지 않는 규칙을 적용해도 좋음)

★ 운율 맞춰 말하기

★ 손뼉을 치며 박자에 맞춰 단어의 음절을 하나씩 나누기

★ 시 짓기

★ 여럿이서 이야기 이어 만들기(한 사람이 이야기를 시작하고 다른 사람들이 차례대로 앞사람이 한 이야기를 기억하면서 이야기를 이어 만듦)

★ 소리 분석하기 놀이

★ 주변 사물에서 어떤 소리가 나는지 말하며 해당 사물 맞히기

★ 특정 음절로 시작하거나, 끝나거나, 특정 음절이 들어가는 단

어 찾기

★ 미리 정한 기준에 따라 사물 분류하기(주방용품, 필기도구, 장난감 등)

★ 노래 듣기

★ 오디오북 듣기

★ 동물 소리 따라 하며 동물 이름 말하기

★ 스무고개(포스트잇에 제시어 단어를 적고 아이가 보지 못하게 아이의 이마에 붙인다. 아이가 제시어에 관해 질문하고 어른은 '예/아니오'로만 대답한다. 아이는 답을 들으며 제시어를 추측하고 알아맞힌다. 예를 들면 제시어를 '바나나'로 정한 뒤 아이가 "먹을 수 있는 건가요?"라고 물으면 "네"라고 대답한다. "채소인가요?"라고 물으면 "아니오"라고 답한다. 이어서 다음과 같이 질문하고 답한다. "초록색인가요?", "아니오", "노란색인가요?", "네", "바나나가 맞나요?", "네", "정답이에요!")

쓰기 활동

★ 모래 글자 만지기

★ 이동 글자를 이용해 자음과 모음 쓰기

★ 모래, 밀가루 또는 김 서린 창문 위에 손가락으로 글자 쓰기

★ 칠판에 글자 쓰기

★ 글자와 그림 짝 맞추기

★ 좋아하는 사람에게 편지 쓰기(아이가 원한다면 받아쓰기로 편지를 써도 좋음)

★ 글자와 그림을 이용한 메모리 게임

★ 글자와 그림을 이용한 빙고 게임

★ 글자와 그림을 이용한 픽셔너리 게임

★ 아이와 함께 한글 공부 책 만들어보기(아이 사진, 아이가 그린 그림, 잡지에서 오린 이미지 등을 활용)

★ 짧은 이야기책 만들기

★ 가라사대 게임(지시 앞에 '가라사대'라는 말을 붙이면 지시대로 행동하고, '가라사대'를 붙이지 않고 말하면 행동하지 않는 게임. 예를 들면 "엄마가 가라사대 글자 'ㅁ'을 찾아오세요"라고 글자와 관련된 지시를 내림)

★ '글자를 찾으러 가요' 놀이(한 발로 뛰어가 'ㅅ'으로 시작하는 글자 찾기, 까치발로 걸어가서 'ㅇ'으로 시작하는 글자 찾기)

★ '글자 옮기기' 놀이('ㄱ'을 'ㅏ' 옆으로 옮기기, 옮긴 뒤에는 '기역', '아'가 아니라 '가'로 발음하기)

★ 영어 소문자와 대문자 찾아 짝짓기

★ 인쇄한 글자와 손글씨로 쓴 글자 짝짓기

★ 이동 글자 활용하기

읽기 활동

- ★ 자기 이름 알기
- ★ 이동 글자로 단어를 만들고 소리 내 읽어보기
- ★ 단어 뜻 해석하기
- ★ 익숙한 단어 알아맞히기
- ★ 동화 속에 나온 단어 알아맞히기
- ★ 모래 글자 교구를 이용해 단자음, 단모음 알아맞히고 소리 내 읽기
- ★ 모래 글자 교구를 이용해 이중자음, 이중모음 알아맞히고 소리 내 읽기
- ★ 읽기 준비를 위한 자음, 모음 소리 읽기
- ★ 단어 카드(그림이 있는 것, 혹은 글자만 있는 것)를 소리 내 읽기
- ★ 복합어 읽기 준비
- ★ 이중모음 모래 글자카드와 그림카드 짝 맞추기
- ★ 글자카드와 그림카드를 이용해 복합어 읽기
- ★ 복합어 목록 읽기
- ★ 이중모음 모래 글자카드와 짝이 맞는 그림카드를 이용해 메모리 게임 하기
- ★ 페이지당 하나의 단어만 쓰여 있는 작은 책자 읽기
- ★ 책이나 앨범을 보며 이중자음과 이중모음 찾기
- ★ 책을 만들어 주변 사람들에게 읽어주기

★ 집 안 물건에 이름표 붙이기

★ 지시 읽고 수행하기

★ 단어 읽고 몸으로 표현하기

★ 짧은 책 읽기

시간 개념 익히기 활동

★ 사진을 붙이며 아이의 연대기를 장식 띠로 만들기

★ 아이의 생일에 방 가운데 태양을 상징하는 물건을 놓고 그 주 위를 아이의 나이만큼 돌아보기(지구가 1년 주기로 태양 주위를 공전하는 것을 체험하며 배우는 활동)

★ 아이와 가족 구성원의 나이를 보여주는 그래프 만들기(사진 이나 그림을 활용)

★ 가족사진을 이용해서 가계도 만들기

★ 생일, 외출, 계절 변화, 기타 모든 일상을 기록할 수 있는 일 상 게시판 만들기

★ 시간 개념을 학습하기(만 5세부터 가능. 크기가 다른 일력 세 개 를 준비한 후 기간을 정하고 매일 한 장씩 일력을 찢은 뒤, 찢은 장 끼리 이어붙인다. 정해진 기간이 다 지나면 일력을 이어붙인 긴 종 이 띠가 완성된다. 세 개의 종이 띠를 말아보고, 길이를 비교하며 시 간의 개념이 상대적이라는 것을 배운다. 주간 캘린더나 월간 캘린 더를 활용해 같은 활동을 하며 개념을 익힘)

★ 시간 띠 만들기(복도나 큰 벽에 연대기처럼 긴 시간 띠를 만들고 그 위에 가족의 삶에서 중요한 사건을 연도와 함께 표시)
★ 개인 또는 가족의 역사책 만들기(컴퓨터 문서 프로그램이나 전문 인터넷 사이트를 이용해 만듦)

지리적 감각을 키우는 활동

★ 지구본 살펴보기
★ 평면 구형도가 지구본을 펼친 모양이라는 것을 이해하기
★ 지도 탐색하기
★ 지도 퍼즐 놀이
★ 지도, 사진, 기타 그림 형태의 모든 자료를 모아 대륙별 앨범을 만들고 평면 구형도에 핀을 꽂아 표시하기
★ 대륙 상자 만들기(대륙별 나라를 대표하는 풍물, 전통의상을 입은 인형이나 피규어, 전통악기, 요리법 등을 하나의 상자에 담기)
★ 해외 펜팔 친구 구하기
★ 해외 현지 보도나 다큐멘터리 보기

수학 활동

★ 작은 사물을 골라 숫자 세기
★ 우리 주위에 있는 사물/생물 숫자 세기(나무, 꽃 등)

★ 숫자에 관한 책 읽기

★ 동물 모형 바구니를 이용해 동물을 종류별로 구분하고, 숫자
　를 세고, 더 세부적으로 분류하기

★ 그림 속 사물이나 인물의 숫자 세기

★ 어떤 사건에 관해 이야기할 때, 사물이나 인물의 숫자를 말하
　도록 유도하기

★ 숫자가 들어간 동요를 부르거나, 일반 동요에 숫자가 들어간
　가사를 만들어 개사하기

★ 모래나 밀가루, 김 서린 유리창 위에 손가락 끝이나 나뭇가지
　로 작은 동그라미를 그리고 숫자 세기

★ 모래 놀이 숫자 만지기

★ 물레가락 상자 놀이

★ 바둑알 놀이(홀수, 짝수)

★ 1부터 9까지의 숫자를 대표하는 인형을 임의의 순서로 놓고,
　그 순서에 해당하는 숫자 나열하기

★ 모래나 밀가루를 담은 쟁반 위에 숫자 쓰기

★ 칠판에 숫자 쓰기

★ 대상의 개수와 숫자 일치시키기

★ 카드에 그려진 이미지의 개수와 숫자 일치시키기

★ 숫자카드로 '숫자 메모리 게임' 하기

★ 숫자가 들어간 책이나 그림책 만들기(숫자와 사진, 그림, 잡지에
　서 오린 이미지를 여러 개 붙이고, 붙인 이미지 개수만큼 숫자를 표시)

★ 숫자를 넣고 '가라사대' 게임 하기("아빠가 가라사대 숫자 7을 주세요" 등)

★ '숫자대로 움직이기' 놀이('다섯 번 손뼉 치기', '여섯 번 점프하기', '색연필 아홉 자루 찾아오기' 등 아이에게 숫자가 들어간 지령을 내리고 아이가 수행하는 놀이. 입으로 소리 내어 숫자를 말하는 대신 보여주는 방식도 좋음)

★ '숫자 찾아가기' 놀이('한 발로 뛰어가서 숫자 8 앞에 서기', '까치발로 걸어가서 사과 세 개가 그려진 그림 앞에 서기' 등과 같은 지시를 내리고 아이가 수행함)

★ 덧셈 놀이

★ 곱셈 놀이

★ 뺄셈 놀이

★ 나눗셈 놀이

과학 활동

★ '물에 뜰까? 가라앉을까?' 실험, 연통관(액체를 넣은 두 개 이상의 용기 바닥을 관으로 이어 액체가 자유롭게 이동할 수 있게 만든 관—옮긴이) 조작하기, 자석 놀이, 나침반 조작하기, 곡물 씨앗 발아시키기, 올챙이/달팽이/고치 등을 키우고 성장하는 모습 관찰하기 등

지금까지 소개한 활동이 몬테소리 교실에서 하는 활동을 총망라한 것은 아닙니다. 몬테소리 교육을 적용할 수 있는 활동은 무궁무진합니다. 아이와 머리를 맞대고 창의력을 발휘해보세요!

몬테소리 활동지 20

몬테소리 교육 활동지를 활용한 20가지 활동을 소개합니다. 일상생활 영역 활동 중 많은 활동이 아이의 관심을 끌고 자율성과 집중력을 키워줍니다. 그리고 수행 능력도 훈련할 수 있습니다.

만 2세 반부터 | **일상생활 영역** | ## 스펀지 물기 짜기

교구

★ 양동이 1개 ★ 빈 그릇 2개를 담은 쟁반 1개(가능하면 깨지는 그릇으로 준비)
★ 작은 스펀지(가능하면 천연 제품을 사용) ★ 작은 행주
아이가 설명을 쉽게 이해할 수 있도록 원색의 제품을 사용합니다.

직접적인 목표

★ 실내환경을 돌봅니다. ★ 스펀지의 물기를 짭니다.

간접적인 목표

★ 정교하게 움직이고 정확하게 행동합니다. 손의 소근육을 훈련하고, 쓰기 활동을 간접적으로 준비합니다.
★ 환경에 관한 관심과 적응 → 자립심, 자신감
★ 반복을 통해 집중력을 키웁니다.

시범

아이에게 선반 위에 놓인 쟁반을 책상으로 가져오게 합니다. 양동이를 어떻게 드는지 시범을 보이고 의자 오른쪽 바닥에 내려놓는 법을 보여줍니다. 아이에게 왼쪽에 있는 그릇에 물을 채우게 합니다. 필요할 경우 아이를 도와줍니다. 아이가 쟁반에 물을 담은 그릇을 올려놓으면, 아이의 옆에 앉아 시범을 보입니다. 이때 교구의 명칭을 아는지 물어보고, 아이가 모른다고 하면 이름을 알려줍니다. 어떤 활동을 할 것인지 설명해줍니다.

행주를 쟁반의 오른쪽에 놓습니다. 스펀지를 왼쪽 그릇에 넣고 스펀지에 물이 스며드는 모습을 지켜봅니다. 물이 어느 정도 스며들면 양손을 그릇에 넣어 스펀지를 그대로 들어 올립니다. 손과 스펀지에서 물이 다 떨어지면, 오른쪽 그릇 위로 스펀지를 옮깁니다. 손에 힘을 주어 스펀지를 짭니다. 스펀지를 다시 왼쪽 그릇에 옮겨 담고, 왼쪽 그릇에 있는 물이 다 없어질 때까지 똑같은 동작을 반복합니다.

스펀지 짜기가 끝나면 스펀지를 쟁반 위에 내려놓고 손을 닦습니다. 아이에게 비어 있는 왼쪽 그릇을 보여줍니다. 이번에는 반대로 오른쪽 그릇에 있는 물을 스펀지로 흡수해 왼쪽 그릇으로 옮기는 동작을 반복합니다. 물을 다 옮겨 담으면 스펀지를 내려놓고 손을 닦습니다. 왼쪽 그릇에 담긴 물을 양동이에 부어 그릇을 비웁니다. 모든 교구를 쟁반에서 꺼내고 행주로 쟁반의 물기를 제거합니다. 다시 교구를 쟁반 위로 옮겨 담습니다. 아이에게 그릇에 직접 물을 채우고 활동을 할 기회를 줍니다. 아이가 활동을 다 끝내면 교구를 정리합니다. 필요하면 젖은 행주를 세탁 바구니에 넣고 마른행주로 교체합니다. 쟁반을 정리하고, 양동이를 비웁니다.

> ● **오류 확인:** 물이 엎질러질 수 있습니다.
> **흥미점:** 그릇에 담긴 물의 높이가 점점 낮아집니다. 스펀지에 물이 스며듭니다.

오류가 생기면 즉각적으로 알 수 있으므로, 아이가 스스로 오류를 수정할 수 있습니다.

아이가 집중하고 스스로 동기부여를 하도록 유도하기 위해 어떤 부분을 강조해야 하는지 알려줍니다.

단추 끼우기/빼기

만 2세 반부터 **일상생활 영역**

교구

★ 나무 틀 1개
★ 사각 천 2장
★ 큰 단추 5개

나무 틀은 사각 천 2장을 끼울 수 있는 크기여야
하며, 한쪽 천 끝에는 단추 5개를 달고, 다른쪽에
는 단춧구멍 5개를 만듭니다.

직접적인 목표

★ 사람을 돌봅니다.
★ 단추를 끼우고 뺍니다.

간접적인 목표

★ 운동의 협응력을 키우고, 동작을 정교하게 통
   제합니다.
★ 눈과 손의 협응력을 키웁니다.
★ 반복을 통해 집중력을 키웁니다.
★ 동작 순서를 구조화하고, 순서대로 실행하면
   서 논리력을 키웁니다.
★ 환경에 관한 관심과 적응 → 자립심, 자신감
★ 일상생활 활동의 탈맥락화를 통해 자신감을 키웁니다.

시범

아이에게 나무 틀과 천으로 옷 틀을 만드는 방법을 보여주고, 완성된 옷 틀을 책상으로 가지고
가게 합니다. 아이와 함께 자리에 앉습니다. 아이에게 교구에 대해 물어보고, 모른다고 하면 설
명해줍니다. 단추와 단춧구멍의 명칭을 알려주고 어떤 활동을 할 것인지 설명해준 뒤 시범을 보
입니다.

★ **단추 빼기:** 오른손의 엄지와 검지로 왼쪽 옷자락의 단춧구멍 옆 앞섶을 살짝 잡습니다. 왼손
   엄지와 검지로는 단추를 잡습니다. 단추가 구멍 밖으로 빠지도록 단추를 구멍으로 기울여 밀
   어 넣습니다. 나머지 4개의 단추도 같은 방식으로 구멍에서 뺍니다. 단추를 다 풀고 난 뒤, 옷
   틀을 열고 오른쪽 옷자락의 위와 아래를 잡아서 오른쪽 가장자리 밖으로 펼쳐 넘깁니다. 왼쪽
   옷자락도 같은 방법으로 넘깁니다. 동작을 잠시 멈춘 뒤 옷자락을 다시 틀 안쪽으로 닫습니다.

★ **단추 끼우기:** 단추 주변에 한 손씩 차례대로 올립니다. 오른손은 오른쪽 옷자락에, 왼손은 왼쪽 옷자락에 올립니다. 오른손의 엄지와 검지를 이용해 단추를 잡고, 단춧구멍 안으로 단추를 넣고 검지로 단추를 밉니다. 단추를 왼손으로 옮겨 잡고, 오른손은 단추를 놓습니다. 단추가 단춧구멍 밖으로 완전히 빠져나올 때까지 왼손으로 단추를 잡아당깁니다. 단추를 잡고 있던 오른손은 단추를 놓고 왼쪽 옷자락을 잡습니다. 아이가 직접 해볼 수 있도록 기회를 줍니다. 활동이 끝나면 옷 틀을 제자리에 가져다놓게 합니다. 원하면 언제든지 단추 끼우기/빼기 활동을 반복할 수 있다고 아이에게 말해줍니다.

심화 활동

옷 입기에 필요한 동작을 맥락과 상관없이 연습할 수 있도록 다양한 종류의 옷 틀 교구가 마련되어 있습니다. 지퍼, 작은 단추, 똑딱단추, 찍찍이, 끈, 매듭짓기 등 다양한 옷 틀을 활용할 수 있습니다.

> **오류 확인:** 구멍 안에 단추를 끝까지 밀어 넣지 않아서 단추가 제대로 잠기지 않거나, 단추와 단춧구멍의 위치가 맞지 않고 엇갈려 끼워집니다.
>
> **흥미점:** 단추가 사라졌다가 다시 나타납니다.

일상생활 영역 # 스펀지 물기 짜기

교구

★ 양동이 1개 ★ 빈 그릇 2개를 담은 쟁반 1개(가능하면 깨지는 그릇으로 준비)
★ 작은 스펀지(가능하면 천연 제품을 사용) ★ 작은 행주
아이가 설명을 쉽게 이해할 수 있도록 원색의 제품을 사용합니다.

직접적인 목표

★ 실내환경을 돌봅니다. ★ 스펀지의 물기를 짭니다.

간접적인 목표

★ 정교하게 움직이고 정확하게 행동합니다. 손의 소근육을
   훈련하고, 쓰기 활동을 간접적으로 준비합니다.
★ 환경에 관한 관심과 적응 → 자립심, 자신감
★ 반복을 통해 집중력을 키웁니다.

시범

아이에게 선반 위에 놓인 쟁반을 책상으로 가져오게 합니다. 양동이를 어떻게 드는지 시범을 보이고 의자 오른쪽 바닥에 내려놓는 법을 보여줍니다. 아이에게 왼쪽에 있는 그릇에 물을 채우게 합니다. 필요할 경우 아이를 도와줍니다. 아이가 쟁반에 물을 담은 그릇을 올려놓으면, 아이의 옆에 앉아 시범을 보입니다. 이때 교구의 명칭을 아는지 물어보고, 아이가 모른다고 하면 이름을 알려줍니다. 어떤 활동을 할 것인지 설명해줍니다.

행주를 쟁반의 오른쪽에 놓습니다. 스펀지를 왼쪽 그릇에 넣고 스펀지에 물이 스며드는 모습을 지켜봅니다. 물이 어느 정도 스며들면 양손을 그릇에 넣어 스펀지를 그대로 들어 올립니다. 손과 스펀지에서 물이 다 떨어지면, 오른쪽 그릇 위로 스펀지를 옮깁니다. 손에 힘을 주어 스펀지를 짭니다. 스펀지를 다시 왼쪽 그릇에 옮겨 담고, 왼쪽 그릇에 있는 물이 다 없어질 때까지 똑같은 동작을 반복합니다.

스펀지 짜기가 끝나면 스펀지를 쟁반 위에 내려놓고 손을 닦습니다. 아이에게 비어 있는 왼쪽 그릇을 보여줍니다. 이번에는 반대로 오른쪽 그릇에 있는 물을 스펀지로 흡수해 왼쪽 그릇으로 옮기는 동작을 반복합니다. 물을 다 옮겨 담으면 스펀지를 내려놓고 손을 닦습니다. 왼쪽 그릇에 담긴 물을 양동이에 부어 그릇을 비웁니다. 모든 교구를 쟁반에서 꺼내고 행주로 쟁반의 물기를 제거합니다. 다시 교구를 쟁반 위로 옮겨 담습니다. 아이에게 그릇에 직접 물을 채우고 활동을 할 기회를 줍니다. 아이가 활동을 다 끝내면 교구를 정리합니다. 필요하면 젖은 행주를 세탁 바구니에 넣고 마른행주로 교체합니다. 쟁반을 정리하고, 양동이를 비웁니다.

> **오류 확인:** 물이 엎질러질 수 있습니다.
> **흥미점:** 그릇에 담긴 물의 높이가 점점 낮아집니다. 스펀지에 물이 스며듭니다.

곡물 옮겨 담기

교구

★ 쟁반 1개
★ 곡물(흰강낭콩 등)이 든 작은 그릇 2개,
　숟가락 1개

직접적인 목표

★ 실내환경을 돌봅니다.
★ 옮겨 담습니다.
★ 숟가락을 사용합니다.

간접적인 목표

★ 운동의 협응력을 키우고, 소근육(손)을 훈련합니다.
　동작을 정교하게 합니다.
★ 눈과 손의 협응력을 키웁니다.
★ 반복을 통해 집중력을 키웁니다.
★ 환경에 적응 ➡ 자립심
★ 일상생활 활동의 탈맥락화를 통해 자신감을 키웁니다.

시범

아이에게 쟁반 드는 시범을 보여줍니다. 그런 다음 쟁반을 들고 자리로 가게 합니다. 아이의 옆에 앉아서 아이와 함께 교구의 명칭을 말합니다. 숟가락을 오른손에 쥐고, 왼쪽의 그릇 위로 옮긴 뒤, 숟가락을 기울여서 그릇 속에 넣습니다. 숟가락으로 곡물을 담아 오른쪽 그릇 위로 옮깁니다. 숟가락에 담긴 곡물을 오른쪽 그릇에 부어 담습니다. 왼쪽 그릇이 완전히 빌 때까지 같은 동작을 반복합니다.

곡물을 모두 옮겨 담으면 아이가 왼쪽 그릇이 비었다는 사실을 알 수 있게 빈 그릇을 보여줍니다. 반대로 오른쪽 그릇에서 왼쪽 그릇으로 곡물을 옮겨 담습니다. 모든 활동이 끝나면 아이가 직접 해볼 수 있게 합니다.

곡물을 흘리면, 흘린 곡물을 찾아서 주워 담을 수 있도록 그릇을 잠시 옮깁니다. 활동이 다 끝나면 쟁반 위에 교구를 정리하고, 선반 위에 올려놓습니다. 아이가 원할 때 교구를 사용할 수 있게 합니다.

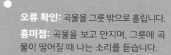

오류 확인: 곡물을 그릇 밖으로 흘립니다.
흥미점: 곡물을 보고 만지며, 그릇에 곡물이 떨어질 때 나는 소리를 듣습니다.

교구

★ 상자 1개
★ 빨간색 실로 각각 다르게 수를 놓은 사각 손수건 4장(15×15cm)

- 1번 손수건: 양쪽 변(상하 또는 좌우)의 중앙을 잇는 중심선 1개
- 2번 손수건: 양쪽 변(상하와 좌우)의 중앙을 잇는 중심선 2개(십자 모양으로 교차)
- 3번 손수건: 양쪽 꼭짓점을 잇는 대각선 1개
- 4번 손수건: 양쪽 꼭짓점을 잇는 대각선 2개(× 자 모양으로 교차)

1번부터 4번 손수건까지 차례대로 놓되, 1번 손수건이 제일 위로 올 수 있게 잘 펴서 상자 안에 놓습니다.

직접적인 목표

★ 실내환경을 돌봅니다.
★ 손수건을 접습니다.

간접적인 목표

★ 운동의 협응력과 정확도를 높입니다
★ 눈과 손의 협응력을 키웁니다.
★ 반복을 통해 집중력을 키웁니다.
★ 환경에 적응 → 자립심, 자신감
★ 기하학의 개념을 간접적으로 배웁니다. 형태가 달라도 면의 넓이가 같을 수 있다는 것과 중심 선을 배웁니다(삼각형, 정사각형, 직사각형). 사각형을 두 가지 방식으로 1/2과 1/4 크기로 접을 수 있다는 사실을 배웁니다.

시범

손을 씻습니다. 아이에게 상자를 드는 법을 보여줍니다. 아이에게 상자를 들고 자리로 이동하게 합니다. 자리에 앉아서 아이에게 교구를 소개합니다. 교구의 이름을 말하고 어떤 활동을 할 것인지 설명한 뒤 조용히 시범을 보입니다.

★ 상자에서 1번 손수건을 꺼낸 뒤 옆에 놓습니다. 아래쪽 모서리의 양 끝을 두 손으로 잡은 뒤, 뒤집어서 반대쪽 모서리에 맞춰 접습니다. 아이에게 빨간 선을 확실하게 보여줍니다. 접힌 손수건을 다시 폅니다. 아이에게 같은 동작을 해보게 합니다. 아이가 활동을 끝내면 책상 왼쪽 위에 잘 펼쳐놓습니다.

★ 2번 손수건을 꺼내어 아이의 앞에 놓습니다. 1번 손수건처럼 접어서 직사각형 모양을 만듭니다. 직사각형 모양 손수건의 왼쪽 모서리 양 끝을 잡고, 뒤집어서 반대쪽 모서리에 맞닿도록 접어서 정사각형 모양을 만듭니다. 아이에게 빨간 선을 확실하게 보여줍니다. 활동이 끝나면 손수건을 펴서 1번 손수건의 오른쪽에 놓습니다.

★ 3번 손수건을 꺼냅니다. 아래쪽 꼭짓점을 잡아 반대쪽 꼭짓점에 맞닿도록 뒤집어 접습니다. 아이에게 빨간 선을 확실하게 보여줍니다. 손수건을 다시 편 뒤, 아이가 직접 해보게 합니다. 활동이 끝나면 손수건을 펴서 2번 손수건의 오른쪽에 놓습니다.

★ 4번 손수건을 꺼냅니다. 아이의 앞에 손수건을 펼쳐놓고 3번 손수건처럼 접어 삼각형 모양을 만듭니다. 가장 긴 변이 수평으로 평행하게 오도록 놓은 뒤, 왼쪽 꼭짓점을 반대쪽 꼭짓점에 맞닿도록 뒤집어 접습니다. 아이에게 빨간 선을 확실하게 보여줍니다. 활동이 끝나면 손수건을 폅니다. 아이가 직접 해보게 합니다. 아이의 활동이 끝나면 3번 손수건의 오른쪽에 펼쳐놓습니다.

아이와 함께 교구를 정리하고, 아이가 원하는 만큼 활동을 반복할 수 있다고 알려줍니다.

> **오류 확인:** 손수건의 접힌 선이 빨간 선과 맞물리지 않습니다.
>
> **흥미점:** 손수건을 접어서 다른 모양을 만들 수 있습니다. 접는 선이 빨간색으로 선명하게 눈에 보입니다.

종이접기

교구

★ 바구니나 쟁반 1개
★ 정사각형 모양의 종이 5장(14×14cm)
   이 하나의 세트로, 각기 다른 종류로 뒷
   면이 빨간색이거나 검은색인 것으로 준
   비합니다.
   - 1번 종이: 양쪽 변(상하 또는 좌우)의
     중앙을 잇는 중심선 1개
   - 2번 종이: 양쪽 변(상하와 좌우)의 중
     앙을 잇는 중심선 2개(십자 모양으로
     교차)
   - 3번 종이: 양쪽 꼭짓점을 잇는 대각선 1개
   - 4번 종이: 양쪽 꼭짓점을 잇는 대각선 2개(x자 모양으로 교차)
   - 5번 종이: 대각선과 중심선이 교차하는 정사각형의 중심에 점 1개

직접적인 목표

★ 종이를 접습니다.

간접적인 목표

★ 운동의 협응력과 정교함을 키웁니다.
★ 눈과 손의 협응력을 키웁니다.
★ 반복을 통해 집중력을 키웁니다.
★ 환경에 적응 ➔ 자립심, 자신감
★ 기하학의 개념을 간접적으로 배웁니다. 형태가 달라도 면의 넓이가 같을 수 있다는 것과 중심
   선을 배웁니다(삼각형, 정사각형, 직사각형). 사각형을 두 가지 방식으로 1/2과 1/4 크기로 접
   을 수 있다는 사실을 배웁니다.
★ 종이접기 활동을 간접적으로 준비하며 미적 감각을 키웁니다.

시범

1번 종이 2장을 바구니나 쟁반에 놓고, 아이에게 책상으로 들고 가게 합니다. 아이와 함께 자리
에 앉습니다. 교구의 이름을 말하고 어떤 활동을 할 것인지 설명한 뒤 조용히 시범을 보입니다.

종이 1장을 집어 듭니다. 빨간 중심선과 양쪽 끝이 만나는 지점에 양손의 검지를 올립니다. 종이
를 접기 위해 종이의 아랫변에 양손의 엄지를 하나씩 차례대로 갖다 댄 뒤, 엄지로 종이를 말아
올립니다. 아랫변을 윗변과 맞닿게 합니다. 엄지로 종이가 뜨지 않게 고정합니다.

검지를 떼고 엄지의 위쪽에 내려놓아 종이를 고정합니다. 엄지를 떼서 종이가 접힌 부분의 중앙에 올려놓습니다. 종이가 접힌 부분의 중앙을 눌러서 양쪽 끝으로 엄지를 밉니다. 아이에게 빨간 선을 확실하게 보여줍니다. 접은 종이를 책상의 가장자리에 둡니다.

아이에게 새 종이를 주고 접어보게 합니다. 아이와 함께 교구를 정리하고, 아이가 원하는 만큼 활동을 반복할 수 있다고 알려줍니다.

심화 활동

★ 2번 종이를 집어 1번 종이와 똑같이 접어서 직사각형을 만듭니다. 접은 종이를 90도 회전시키고 바로 전에 한 것처럼 접어서 정사각형을 만듭니다. 아이에게 빨간 선을 확실하게 보여줍니다. 아이가 직접 해보게 합니다.

★ 3번 종이를 집어 정사각형 모양으로 놓은 뒤, 90도 회전시켜서 마름모 모양이 되게 합니다. 양손 검지를 중심선의 좌우 꼭짓점에 놓은 뒤, 양손 엄지를 중심선 아래쪽 삼각형 부분의 종이 아랫면에 둡니다. 아래쪽 삼각형이 위쪽 삼각형 위에 놓이도록 종이를 뒤집어서 올린 뒤 모서리를 맞춥니다. 1번 종이처럼 접힌 부분의 중앙을 눌러서 확실하게 접습니다.

★ 4번 종이도 3번 종이처럼 접습니다. 90도 회전시킨 후 같은 방법으로 한 번 더 접습니다. 아이에게 빨간 선을 확실하게 보여줍니다. 아이가 직접 해보게 합니다.

★ 5번 종이는 사진에 나온 모양으로 접습니다. 네 모서리를 중앙 점에 맞춰 접어서 정사각형을 만든 뒤, 같은 방법으로 한 번 더 접을 수 있습니다. 이렇게 해서 동서남북 놀이를 만들 수 있습니다. 아이에게 직접 접어보게 합니다. 그리고 종이를 접어서 봉투를 만들 수 있다고 알려주는 것도 좋습니다.

참고

접고 난 종이를 자르기 활동이나 그림 그리기 활동에 재활용할 수 있습니다.

오류 확인: 빨간 선이 접힌 부분과 맞물리지 않습니다.

흥미점: 종이를 접어 새로운 모양을 만듭니다. 접힌 부분이 빨간색으로 선명하게 눈에 보입니다.

종이 자르기

교구

★ 바구니나 쟁반 1개

★ 작은 가위 1개

★ 작은 용기 1개

★ 종이 띠 5개와 종이 1장을 한 세트로 준비합니다. 종이 띠는 검은색이나 빨간색 줄무늬가 있는 것으로 준비합니다.

- 1번 종이 띠: 가위질 한 번으로 자를 수 있는 폭 1.5cm, 길이 15cm짜리 종이 띠
- 2번 종이 띠: 가위질 두 번으로 자를 수 있는 폭 2.5cm, 길이 15cm짜리 종이 띠
- 3번 종이 띠: 가위질 다섯 번으로 자를 수 있는 폭 4cm, 길이 15cm짜리 종이 띠
- 4번 종이 띠: 폭 3cm, 길이 15cm짜리 종이 띠. 여러 번 가위질하여 세로 방향으로 직선을 그리며 자릅니다.
- 5번 종이 띠: 폭 3cm, 길이 15cm짜리 종이 띠. 여러 번 가위질하여 세로 방향으로 곡선을 그리며 자릅니다.
- 정사각형 종이: 자르기 연습을 할 수 있는 나선이 그려진 정사각형 종이 1장

직접적인 목표

★ 실내환경을 돌봅니다.
★ 종이를 자릅니다.

간접적인 목표

★ 운동의 협응력과 정교함을 키웁니다.
★ 눈과 손의 협응력을 키웁니다.
★ 반복을 통해 집중력을 키웁니다.
★ 환경에 적응 → 자립심, 자신감
★ 자르기와 조형예술 학습을 간접적으로 준비합니다.

시범

종이 띠 두 세트를 골라 바구니 안에 담습니다. 1번 종이 띠부터 시작합니다. 아이와 함께 교구를 가지고 자리로 가서 앉습니다. 교구를 소개하고, 어떤 활동을 할 것인지 말로 설명한 뒤 조용히 시범을 보입니다. 오른손잡이일 경우 오른손으로 가위를 쥐고 왼손으로 종이 띠를 잡습니다. 자른 종잇조각을 담을 용기 위로 두 손을 옮깁니다.

가위를 벌리고 가윗날 사이에 종이 띠를 놓은 뒤 빨간 선 위로 자릅니다. 자른 종잇조각이 용기 위로 떨어집니다. 가윗날을 다시 열고 종이 띠를 다 자를 때까지 같은 동작을 반복합니다. 아이가 직접 해보게 합니다. 아이에게 도움이 필요한 경우 다시 시범을 보입니다.

심화 활동

아이가 배우는 정도에 따라 쉬운 것에서 어려운 순서로 다른 종이 띠로 같은 활동을 합니다. 갑자기 너무 어려운 단계로 넘어가서 아이가 흥미를 잃지 않도록 주의해야 합니다.

오류 확인: 잘린 종잇조각에 빨간 선이 보입니다.

흥미점: 가위를 사용합니다. 긴 종이 띠를 잘라 작은 종잇조각을 만듭니다.

교구

★ 쟁반 1개
★ 같은 크기의 손잡이가 달린 병 또는 단지 2개, 그중
하나는 쌀을 채워 준비합니다.
심화 활동으로 밀가루나 물을 준비해도 좋습니다.

직접적인 목표

★ 실내환경을 돌봅니다.
★ 그릇에 든 내용물을 붓습니다.

간접적인 목표

★ 운동의 협응력과 정교함을 키웁니다.
★ 눈과 손의 협응력을 키웁니다.
★ 반복을 통해 집중력을 키웁니다.
★ 환경에 적응 → 자립심
★ 일상생활 활동의 탈맥락화를 통해 자신감을 키웁니다.

시범

아이에게 쟁반 잡는 법을 보여줍니다. 아이가 쟁반을 들고 자리로 이동하게 합니다. 아이의 옆에 앉습니다. 교구의 이름을 말하고, 아이가 교구를 아는지 물어보며 소개합니다.

오른손으로 오른쪽에 있는 단지를 잡습니다. 손가락 하나를 손잡이에 끼우고 엄지손가락으로는 단지의 바닥을 받칩니다. 단지를 들어 올려서 왼쪽 단지 위로 옮긴 뒤, 오른쪽 팔꿈치를 들어 쌀이 쏟아지도록 단지의 입구를 기울입니다. 쌀을 붓고 난 뒤, 단지를 다시 바로 세우고 제자리에 놓습니다. 왼쪽에 있는 단지를 왼손으로 들어 같은 동작을 반복합니다.

아이에게 직접 해보게 합니다. 만약 쌀알이 쟁반 위에 떨어지면 쌀알을 주울 수 있도록 쟁반에서 그릇을 잠시 치워줍니다. 활동이 끝나면 교구를 쟁반 위에 정리하고, 쟁반을 선반 위에 갖다 놓습니다. 아이가 원할 때 언제든 할 수 있게 합니다.

심화 활동

밀가루를 이용해 같은 활동을 할 수 있도록 쟁반과 교구를 준비합니다. 물은 흐르는 액체이므로 물 붓기를 가장 마지막 심화 활동으로 준비합니다.

> **오류 확인:** 쌀을 쏟거나 흘립니다.
>
> **흥미점:** 단지 안으로 쌀이 떨어질 때 소리가 납니다. 오른손잡이는 왼손을, 왼손잡이는 오른손을 사용할 수 있습니다.

분류 놀이

교구

★ 쟁반 1개

★ 작은 그릇이나 잔 4개. 그중 하나는 비워두고 나머지 3개에는 다양한 크기와 재질의 사물을 담습니다(옥수수알, 콩, 강낭콩, 여러 가지 구슬 등).

직접적인 목표

★ 촉각과 입체 지각 능력(시각 정보 입력 없이 촉각으로만 지각하는 능력)을 기릅니다.

간접적인 목표

★ 감각 능력을 기르고 평가력, 선택력, 판단력, 추상력을 활용하여 인지를 형성합니다.

시범

아이에게 곡물이나 구슬을 종류별로 나누게 합니다. 손을 닦고 손가락을 문질러서 감각을 예민하게 만듭니다. 아이의 옆에 앉습니다. 곡물을 만지면서 아이에게도 곡물의 촉감을 느끼게 합니다. 아이가 곡물을 알고 있는지 물어보고, 모른다고 하면 곡물의 이름을 알려줍니다. 같은 방식으로 다른 곡물이나 구슬도 만지게 하고 이름을 알려줍니다.

빈 그릇에 모든 곡물을 섞습니다. 나머지 3개의 그릇은 하나당 한 종류의 곡물을 한 톨씩 담아 그릇에 담을 곡물 종류를 구분할 수 있게 합니다. 곡물을 하나씩 분류하며 그릇에 있는 곡물과 비교하여 같은 곡물이 담겨 있는 그릇에 담습니다. 눈을 감고 곡물을 모두 분류하여 담습니다. 분류가 끝나면 다시 곡물을 섞고, 아이가 직접 해볼 수 있게 합니다. 아이가 원하는 만큼 반복해서 활동할 수 있도록 유도하고, 활동이 다 끝나면 교구를 정리하여 제자리에 갖다 놓게 합니다. 아이가 원할 때 언제든 할 수 있게 합니다.

참고

★ 굵기와 모양이 다른 면이나 견과류(아몬드, 헤이즐넛, 호두 등)로 분류하기 연습을 할 수 있습니다.

★ 활동이 끝난 후 비슷한 곡물들을 가지고 두 번째 활동을 할 수 있습니다.

★ 손수건이나 스카프로 눈을 가리고 분류하기 활동을 할 수 있습니다.

> 오류 확인: 촉각과 시각으로 감지할 수 있습니다.

감각 영역

직물 놀이

교구

★ 상자 1개

★ 펠트, 수건, 양모, 마, 청바지 옷감, 벨벳 코듀로이 등 천
연 직물을 최소 6쌍 이상 준비합니다.

직접적인 목표

★ 촉각 능력을 기릅니다.

간접적인 목표

★ 감각 능력을 기르고 평가력, 선택력, 판단력, 추상력을
활용하여 인지를 형성합니다.

시범

아이가 직물 놀이 활동을 하도록 유도합니다. 아이에게 상자를 들고 책상으로 가게 합니다. 손을
닦고 손가락을 문질러서 감각을 예민하게 만듭니다. 아이의 오른편에 앉습니다. 상자의 뚜껑을
열고 상자를 뚜껑 위에 놓습니다. 상자에서 같은 직물 짝끼리 꺼내 일렬로 나열합니다. 뚜껑을 닫
고 상자를 한쪽으로 치워둡니다.

천을 한 장씩 만지면서 아이에게도 만져보게 합니다. 촉감이 가장 다른 직물 쌍부터 시작합니다.
천을 하나씩 소개하며 아이가 아는지 물어보고, 모른다고 하면 직물의 이름을 알려줍니다. 상자
에서 다른 직물 쌍을 꺼냅니다. 이번에는 천을 만지지 않고 두 번째 줄에 일렬로 놓되 순서를 섞
어 배치합니다. 첫 번째 줄에서 천 하나를 선택하고 만진 뒤, 나머지 천을 하나씩 손으로 만져가
며 선택한 것과 같은 천을 찾아봅니다. 첫 번째 줄에 없으면 두 번째 줄의 천을 최대한 눈으로 보
지 않으면서 주로 촉각에 의존해 찾아봅니다. 선택한 것과 같은 천을 찾으면 쌍을 짝지어 한쪽에
둡니다. 아이가 직물 짝 찾기 활동을 하도록 유도합니다. 아이가 모든 쌍을 찾으면 다음에는 눈
을 감고 직물 짝을 찾게 합니다.

심화 활동

아이에게 눈을 감고 연습하게 합니다. 아이 앞에 천을 펼칩니다. 첫 번째 줄에서 천 하나를 고른
뒤, 두 번째 줄에서 천을 하나씩 골라 아이에게 제시합니다. 아이가 짝을 찾을 때까지 활동을 계
속합니다. 같은 방식으로 모든 쌍을 알아맞힙니다. 아이에게 천 2장을 한꺼번에 제시하고 이것
들이 같은 것인지 물어보는 활동도 할 수 있습니다.

참고

새틴, 비단, 망사, 모슬린, 타프타, 레이스 등 더 얇은
천으로 두 번째 상자를 만들 수 있습니다.

> **오류 확인:** 촉각과 시각으로 감지할 수
> 있습니다.

비밀 주머니

교구

★ 작은 잡동사니 10개를 담은 주머니 1개

★ 주머니 2개(한 쌍). 기하입체도형 10개를 2개씩 준비하고, 각 주머니에 종류별로 1개씩 담습니다.

직접적인 목표

★ 입체 인지 지각 능력(다른 감각의 도움 없이 오직 촉각으로만 형태나 입체감을 알아보는 능력)을 정교하게 발달시킵니다.

간접적인 목표

★ 감각 능력을 기르고 평가력, 선택력, 판단력, 추상력을 활용하여 인지를 형성합니다.

★ 기하학 감각을 간접적으로 키웁니다.

시범

아이가 비밀 주머니 활동을 하도록 유도합니다. 손을 닦고 손가락을 문질러서 감각을 예민하게 만듭니다. 아이에게 첫 번째 주머니를 들고 책상이나 매트로 가지고 가서 내려놓게 합니다. 아이의 오른쪽에 앉습니다. 주머니 안에 손을 넣고 물체를 하나 만집니다. 물체를 보지 않고 오직 손으로만 만지면서 어떤 물체인지 추측합니다. 물체의 이름을 말한 뒤, 주머니에서 꺼내 내려놓습니다. 아이가 직접 해볼 수 있게 합니다. 주머니 속의 물체를 다 꺼낼 때까지 아이와 번갈아가며 물체 맞히기 활동을 합니다.

심화 활동

아이와 함께하는 활동입니다. 주머니 2개 중에서 하나는 교육자 자신이, 나머지 하나는 아이에게 가져오게 합니다. 주머니 속에 손을 넣고 딱딱한 입체도형을 만집니다. 아이에게도 똑같이 해보게 합니다. 아이에게 "무엇을 꺼낼까? 정육면체를 꺼내볼까?"라고 묻고, 정육면체를 꺼냅니다. 아이도 자기의 주머니에서 정육면체를 꺼냅니다. 아이에게 다음으로 꺼낼 입체도형을 정하게 합니다. 주머니를 모두 비울 때까지 아이와 번갈아가며 같은 활동을 반복합니다.

같은 입체도형끼리 짝을 맞춰 놓습니다. 주머니를 모두 비우면, 꺼낸 도형을 다시 주머니에 넣습니다. 아이가 활동을 계속하기를 원하면, 같은 활동을 다시 시작합니다. 활동이 모두 끝나면 아이와 함께 주머니를 정리합니다.

참고

첫 번째 주머니에 넣은 물체를 주기적으로 바꿔주는 것도 좋습니다.

오류 확인: 눈으로 볼 수 있습니다.

흥미점: 눈으로 보지 않고 손으로 물체를 만지면서 추측합니다. 물체를 꺼내어 눈으로 확인합니다.

촉각 놀이 1

교구

★ **촉각판 1:** 한 면이 절반은 거칠고 절반은 매끄러운 촉각판(24×13cm)

★ **촉각판 2:** 거친 면과 매끄러운 면이 번갈아 있는 촉각판(24×13cm)

★ **촉각판 3:** 매끄러운 정도와 거친 정도가 5단계로 되어 있는 촉각판

직접적인 목표

★ 촉각을 예민하게 훈련합니다.

★ 손으로 느낀 지각, 매끄러운 느낌과 거친 느낌을 말로 표현합니다.

간접적인 목표

★ 감각 능력을 기르고 평가력, 선택력, 판단력, 추상력을 활용하여 인지를 형성합니다.

★ 쓰기 활동, 특히 모래 숫자와 모래 글자 활동을 준비합니다.

시범

아이가 촉각판 활동을 하도록 유도합니다. 촉각판 하나를 책상으로 가지고 가서 올려두고, 아이에게도 촉각판을 가져오게 합니다. 촉각판 1을 오른손에 들고 매끄러운 면을 위에서 아래로 여러 번 가볍게 쓸어내립니다. 거친 면도 같은 동작으로 만집니다. 3단계 학습법을 사용하여 나머지 2개의 촉각판도 제시합니다(147쪽 3단계 학습법 참고).

촉각판 1을 들고 '매끄럽다/거칠다'라고 번갈아 말하며 어휘를 익히게 합니다. 아이에게 촉각판을 주고 따라 하게 합니다. 촉각판 2를 들고 매끄러운 부분과 거친 부분을 왼쪽에서 오른쪽으로 만지며 '매끄럽다/거칠다'를 말합니다. 아이가 직접 해보도록 유도합니다. 아이에게 "매끄러운 부분을 만져볼래?", "이번에는 거친 부분을 만져볼래?"라고 물어봅니다. 마지막 단계로 촉각판의 한 부분을 손으로 가리키며 아이에게 만지게 하고 어떤 느낌인지 물어봅니다.

촉각판을 정리해 선반 위 제자리에 둡니다. 아이가 직접 활동을 할 수 있도록 기회를 줍니다. 아이가 활동을 다 하고 난 뒤에는 교구를 정리해서 제자리에 두도록 합니다. 아이가 원하는 만큼 활동을 할 수 있다고 알려줍니다.

참고

활동하기 전에 미지근한 물에 손을 씻고 손가락을 비비면서 말리면 감각을 더욱 예민하게 만들 수 있습니다.

> **오류 확인:** 촉각과 시각으로 감지할 수 있습니다.

촉각 놀이 2, 3

교구

★ 상자 1개
★ 거칠기가 다른 사포 5장을 준비하고, 판자 2장마다 같은 거칠기의 사포를 붙입니다. 거칠기가 다른 사포판 5개를 1세트로 만들어서 총 2세트를 준비합니다.

직접적인 목표

★ 촉각 능력을 기릅니다.
★ 비교급과 최상급을 사용하여 감각을 말로 표현합니다.

간접적인 목표

★ 감각 능력을 기르고 평가력, 선택력, 판단력, 추상력을 활용하여 인지를 형성합니다.
★ 쓰기 활동, 특히 모래 글자와 모래 숫자 활동을 준비합니다.

촉각 놀이 2 시범

사포판 교구를 가지고 자리로 이동합니다. 사포판 1세트를 손으로 만지면서 꺼내어 아이에게도 만지게 합니다. 처음에는 거칠기가 가장 많이 차이가 나는 판을 만져보게 한 뒤, 상자에서 꺼내어 임의의 순서대로 일렬로 놓습니다. 다음에는 나머지 사포판을 만지지 않고 꺼냅니다. 처음 꺼낸 사포판 아래에 임의의 순서대로 일렬로 놓습니다.

첫 번째 줄에서 사포판을 하나 선택하고 만진 다음, 두 번째 줄의 사포판을 만집니다. 될 수 있으면 사포판을 보지 않고 촉각에 의존하여 느낌이 같은 짝을 찾습니다. 맞는 짝을 찾으면 한쪽에 사포판을 놓습니다. 같은 활동을 반복하며 나머지 네 쌍도 찾습니다. 다섯 쌍을 모두 찾은 뒤, 다시 사포판을 두 줄로 배열합니다.

아이에게 느낌이 같은 사포판끼리 찾아 짝을 맞추게 합니다. 아이에게 눈을 감게 합니다. 윗줄의 사포판을 하나 골라 아이의 손에 쥐여주고, 아랫줄의 사포판 중 같은 것을 손으로 만지면서 찾게 합니다. 아이가 짝을 잘 찾으면 활동을 이어갑니다. 아이가 원하는 만큼 반복하게 한 뒤, 모든 활동이 끝나면 교구를 정리하여 제자리에 두게 합니다. 아이가 원하는 만큼 활동을 반복할 수 있다고 알려줍니다.

촉각 놀이 3 시범

아이가 사포판 짝 맞추기 활동을 잘하면, 거친 순서대로 사포판을 나열하는 활동을 합니다. 차이가 가장 많이 나는 사포판을 대조하며 만지면서 거친 정도를 비교하는 모습을 보여줍니다.

> **오류 확인:** 촉각과 시각으로 감지할 수 있습니다.

감각 영역 # 냄새 놀이

교구

★ 쟁반 1개
★ 박하, 유칼립투스, 라벤더, 오렌지 꽃의 천연 에센스를
   적신 솜을 작은 유리병 4개에 하나씩 넣어서 후각병 1
   세트를 만듭니다. 총 2세트를 준비합니다.

직접적인 목표

★ 후각 능력을 기릅니다.
★ 냄새와 관련된 어휘를 익히면서 언어 능력도 키웁니다.

간접적인 목표

★ 감각 능력을 기르고 평가력, 선택력, 판단력, 추상력을 활용하여 인지를 형성합니다.
★ 냄새로 세상을 탐색합니다.

시범

후각병 활동을 유도합니다. 아이에게 쟁반을 책상으로 옮기게 합니다. 아이가 오른손잡이라면 아이의 오른쪽에 앉습니다. 후각병 1세트를 꺼낸 뒤, 하나씩 냄새를 맡습니다. 아이에게도 냄새를 맡아보라고 합니다. 후각병을 일렬로 놓습니다.

이번에는 뚜껑을 덮지 않은 후각병 1세트를 꺼내놓습니다. 이전에 꺼내놓은 후각병 아래에 임의의 순서대로 일렬로 놓습니다. 첫 번째 줄에서 후각병 하나를 선택해 아이 앞에 놓습니다. 아이에게 두 번째 줄에서 냄새가 같은 병을 찾게 합니다.

아이가 같은 냄새가 나는 병을 찾으면, 첫 번째 줄에서 나머지 후각병도 하나씩 골라 같은 활동을 반복하여 짝을 찾습니다. 아이가 원하는 만큼 활동을 반복하게 하고, 활동을 마친 뒤 교구를 제자리에 정리하게 합니다.

심화 활동

★ 냄새가 나는 식물로 짝 맞추기 활동을 합니다.
★ 계피, 바닐라 등의 향도 사용합니다.
★ 후각병과 그 병에 해당하는 식물의 사진을 찾아 짝 맞추기 활동을 합니다.

오류 확인: 후각으로 감지할 수 있습니다. 병 밑에 적힌 식물 이름으로 알 수 있습니다.

흥미점: 다양한 냄새를 맡을 수 있습니다.

말소리 분석 놀이

교구
★ 쟁반 1개
★ 물체 10개를 담은 바구니 1개. 담는 물체는 주기적으로 바꿔줄 수 있습니다.

직접적인 목표
★ 소리를 분석하고 알아맞힙니다.

간접적인 목표
★ 쓰기와 읽기 활동을 준비합니다.

시범
혼자 또는 여럿이 할 수 있는 활동으로 아이의 나이에 따라 활동 방법을 다르게 할 수 있습니다.

★ **만 2세 반부터 3세까지:** 청각 놀이를 하도록 유도합니다. 교구를 가지고 가서 아이의 오른쪽에 앉습니다. 바구니를 한쪽에 내려놓고, 아이 앞에는 쟁반을 놓습니다. 바구니에서 물체 하나를 골라 쟁반에 내려놓습니다. 그러고는 아이에게 "지금 'ㅅ' 소리가 나는 물체가 쟁반 위에 있네. 이 물체는 무엇일까?"라고 묻습니다. 아이가 정답을 맞히면 쟁반에서 물체를 꺼내 한쪽에 두고, 다른 물체를 바구니에서 꺼내 손바닥이나 책상 위에 올려놓고 같은 질문을 합니다. 바구니를 비울 때까지 같은 활동을 반복합니다. 활동이 끝나면 아이와 함께 교구를 정리하고, 아이에게 교구를 선반에 갖다 놓게 합니다.

★ **만 3세부터 3세 반까지:** 한 번에 2~3개의 물체를 꺼내고, 위에 소개한 활동을 똑같이 합니다. 아이는 여러 개의 물체 중 정답을 골라 맞힙니다.

★ **만 4세부터 4세 반까지**(모래 글자, 이동 글자와 연계): 같은 소리로 시작하는 물체부터 꺼냅니다. 예를 들면 아이에게 "'ㅂ' 소리로 시작해서 'ㅣ' 소리로 끝나는 물체가 여기 있네. 이건 무엇일까?"라고 묻습니다. 여러 개의 물체를 꺼내놓고 아이에게 "이 중에 'ㅣ' 소리, 또는 'ㅗ' 소리가 들어가는 물체는 무엇일까?"라고 묻습니다. 3개의 물체를 꺼내서 아이에게 물체의 이름에 'ㅍ' 소리가 들어가는 것(답이 하나), 'ㄹ' 소리가 들어가는 것(답이 둘), 'ㅏ'가 들어가는 것(답이 셋)을 찾게 합니다.

아이가 활동을 잘하면, 물체 하나의 이름에 들어간 두 개의 소리를 한 번에 물어보며 조금씩 난이도를 올립니다. 예를 들면 자동차, 포도, 사과 모형을 꺼내고 "'ㅈ'과 'ㅏ'가 같이 들어간 물체는 무엇일까?"라고 묻는 것이지요.

참고
활동을 주기적으로 유도하여 아이가 자발적으로 활동에 참여하게 합니다.

오류 확인: 청각으로 감지할 수 있습니다.
흥미점: 작은 모형을 조작합니다.

이야기 들려주기

교구

★ 3세: 그림카드 3장
★ 4세: 그림카드 6장
★ 그림카드를 이용해 이어지는 이야기를 만드는 데 익숙한 아이는 여러 장을 사용해도 좋습니다.

직접적인 목표

★ 시간과 공간을 지각합니다.
★ 자기 방식대로 이야기하고 논리적 연결어를 사용하며 단어 선택에 대해 설명하면서 구어 표현력을 늘립니다.

간접적인 목표

★ 사고를 논리적으로 정리합니다.
★ 이야기를 조리 있게 구성합니다.

시범

혼자 또는 여럿이 할 수 있는 활동입니다. 아이가 그림을 보며 이야기를 하게 유도합니다. 아이의 나이에 맞게 골라둔 그림카드 세트 중 원하는 그림을 고르게 합니다. 아이에게 그림카드를 책상이나 매트 위로 가지고 가게 합니다. 카드가 가려지지 않도록 주의하며 아이 옆에 앉습니다. 아이에게 카드를 한 장씩 보여주고 내려놓으며, 아이가 그림에 관해 이야기하게 합니다. 아이에게 질문하며 계속 이야기하게 합니다. 아이와 이야기를 나눈 카드는 한 장씩 나란히 내려놓습니다. 모든 카드를 다 보고 나면, 아이에게 카드를 순서대로 놓으며 이야기를 재구성하게 합니다. 그러고 나서 재구성한 이야기를 들려달라고 합니다. 아이가 특정 단어나 연결어를 선택한 이유를 잘 설명할 수 있도록 도와줍니다. 그림카드를 정리하고 아이가 원할 때 언제든지 활동을 다시 할 수 있게 합니다. 순서가 복잡한 이야기를 선택하면, 아이가 직접 하기 전에 먼저 카드를 순서대로 제시해 아이에게 보여주는 것도 좋습니다.

참고: 아이가 활동을 어려워하면 첫 번째 카드를 보며 함께 이야기한 뒤, 아이에게 질문하며 다음 카드를 찾을 수 있게 도와주는 것도 좋습니다.

심화 활동: 아이가 주제를 정하고 카드를 골라서 순서대로 연결하고 자기만의 이야기를 만드는 활동도 제안할 수 있습니다. 다양한 매체를 이용할 수 있습니다. 친구에게 자기가 만든 이야기를 들려주는 활동도 할 수 있습니다.

오류 확인: 정리판에 카드를 순서대로 놓고 비교하거나, 어른과 이야기하며 틀린 부분을 찾을 수 있습니다.
흥미점: 이야기를 만드는 재미를 느낍니다.

교구

★ 글자를 사포에 인쇄하여 입체적으로 만든 24음의 글자판(단자음 14개, 단모음 10개)

　모음 카드는 분홍색, 자음 카드는 파란색(혹은 반대로)으로 준비합니다. 글자 크기에 따라 글자카드도 두 종류로 준비합니다.

직접적인 목표

★ 한글 자음과 모음을 배웁니다.
★ 글자의 획순을 손가락 근육으로 기억합니다.
★ 글자를 시각적, 촉각적, 청각적으로 이해합니다.

간접적인 목표

★ 읽기와 쓰기 활동을 준비합니다.

시범

모래 글자 교구 활동을 유도합니다. 아이에게 이름의 첫 글자가 어떤 소리로 시작하는지 알려주고, 첫 번째 글자카드가 소리와 일치하면 글자카드를 꺼냅니다. 만약 일치하지 않는다면 해당 글자카드의 소리로 시작하는 이름이나 사물을 말합니다.

글자카드에 적힌 글자를 읽습니다. 아이에게 해당 글자로 시작하는 단어를 아는지 물어보고 함께 이야기합니다. 글자를 필순을 따라 두 손가락으로 훑습니다. 글자를 읽습니다. 아이에게 글자를 만지고 소리 내 읽게 합니다.

다른 글자카드 2개로 같은 활동을 합니다(그중 적어도 하나는 모음). 다음에 제시한 3개의 글자카드를 3단계 학습법을 이용해 학습합니다. 학습이 끝나면 교구를 선반 위 제자리에 다시 가져다 놓게 합니다.

심화 활동

며칠 후 아이가 앞서 학습한 3개의 글자를 잘 기억하고 있는지 확인합니다. 아이가 잘 기억하고 있다면 다른 3개의 글자를 같은 방식으로 학습합니다. 이와 같은 방법으로 아이가 모든 글자를 익힐 수 있게 합니다. 이후 쌍자음과 이중모음 등을 학습합니다.

참고

★ 3단계 학습법으로 새로운 글자 3개를 익히고자 할 때 아이가 어려움을 느낀다면, 우선 글자 2개만 학습하도록 합니다.

★ 불필요한 도움은 아이의 발달에 걸림돌이 됩니다. 모래 글자카드에 화살표를 하거나 표시 스티커를 붙이면 아이가 이런 표식을 글자로 여길 수 있으므로 사용하지 않아야 합니다. 오직 글자만 깔끔하게 잘라 판에 붙입니다. 모래 글자는 아이와 상호작용을 하면서 제시하는 교구입니다. 따라서 교사나 부모가 글자의 획순을 지키면서 시범을 보이는 것이 매우 중요합니다.

★ 글자의 이름보다는 글자가 내는 발음에 집중해야 합니다.

★ 아이의 글자 학습 상황을 파악하기 위한 시스템을 마련해야 합니다(표를 만들어 아이가 스스로 혹은 교사나 부모와 확인합니다).

★ 아이가 글자를 10개 정도 익혔다면 이동 글자와 연계하여 활동해도 좋습니다.

오류 확인: 시각, 촉각, 청각으로 감지할 수 있습니다.
흥미점: 글자에 흥미를 느낍니다.

모래나 밀가루 위에 글자 쓰기

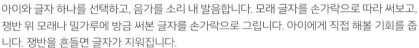

교구

- ★ 모래나 밀가루를 뿌린 쟁반 1개
- ★ 모래 글자판 24개

직접적인 목표

- ★ 한글 자음과 모음을 배웁니다.
- ★ 글자의 획순을 손가락 근육으로 기억합니다.
- ★ 글자를 시각적, 촉각적, 청각적으로 이해합니다.

간접적인 목표

- ★ 읽기와 쓰기 활동을 준비합니다.

시범

아이와 글자 하나를 선택하고, 음가를 소리 내 발음합니다. 모래 글자를 손가락으로 따라 써보고, 쟁반 위 모래나 밀가루에 방금 써본 글자를 손가락으로 그립니다. 아이에게 직접 해볼 기회를 줍니다. 쟁반을 흔들면 글자가 지워집니다.

아이는 글자를 쓰고 지우는 과정에서 재미를 느끼고 스트레스를 해소할 수 있습니다. 활동이 다 끝나면 아이에게 교구를 정리하게 하고, 원할 때 언제든지 교구를 다시 사용할 수 있다고 알려 줍니다.

심화 활동

모래 쟁반 위에 단어도 써봅니다. 놀이터나 해변의 모래 위에 문장을 써보는 것은 어떨까요?

> **오류 확인:** 직접 써본 글자와 모래 글자판을 비교합니다.
>
> **흥미점:** 쟁반을 흔들면 글자가 사라집니다.

모래 숫자

교구

★ 0부터 9까지 모래 숫자카드 10장

직접적인 목표

★ 0부터 9까지의 기호를 배웁니다.

★ 숫자를 손가락으로 쓰며 기억합니다.

★ 숫자를 시각적, 촉각적, 청각적으로 이해합니다.

간접적인 목표

★ 숫자 읽기와 쓰기 활동을 준비합니다.

시범

아이의 나이를 물어보고 나이에 맞는 숫자카드를 꺼냅니다. 숫자를 말하고 검지와 중지로 모래 숫자를 훑으며 따라 그립니다. 아이가 숫자를 말하면서 직접 만지도록 기회를 줍니다. 숫자를 2개 더 선택해서 같은 동작을 반복합니다. 제시한 숫자 3개를 3단계 학습법을 이용해 학습합니다(147쪽 참고). 활동이 다 끝나면 아이에게 교구를 정리하게 하고, 원할 때 언제든지 교구를 다시 사용할 수 있다고 알려줍니다.

✚ 아이가 숫자 세기 활동을 즐겁게 한다면, 숫자에 흥미를 갖게 되었다고 볼 수 있습니다. 어떤 아이들은 아주 어릴 때부터 숫자에 관심을 갖기도 합니다.

심화 활동

며칠 후 아이가 앞서 학습한 3개의 숫자를 잘 기억하고 있는지 확인합니다. 아이가 잘 기억하고 있다면 다른 3개의 숫자를 같은 방식으로 학습합니다. 아이가 처음 학습한 세 숫자 중 하나를 기억하지 못한다면, 제대로 익힐 때까지 반복합니다.

참고

★ 처음에 숫자 교구 활동을 할 때는 0을 제시하지 않습니다. 물레가락 상자 활동(다음 쪽 참고)에서 0을 배운 뒤, 모래 숫자로 0을 학습합니다.

★ 6과 9를 한꺼번에 제시하지 않습니다. 6과 9는 하나를 거꾸로 두면 똑같은 모습이고, 똑바로 두어도 비슷하기 때문입니다. 6과 9는 아이가 둘 중 하나를 완벽하게 이해하고 나면 나머지 하나를 제시해야 합니다.

마리아 몬테소리는 6과 9를 헷갈리지 않게 하려고 화살표나 스티커로 표시를 하는 것은 아이의 발달을 방해하는 불필요한 도움이므로, 이런 표식을 하지 않아야 한다고 말했습니다. 아이가 표식을 숫자의 일부분으로 받아들일 수도 있기 때문입니다.

★ 3단계 학습법으로 숫자 3개를 아이에게 도입할 때 아이가 어려움을 느끼면 우선 2개만 학습하도록 합니다.

오류 확인: 시각, 촉각, 청각으로 감지할 수 있습니다.
흥미점: 숫자에 흥미를 느낍니다.

물레가락 상자

교구

★ 10칸으로 나누어져 있는 상자 1개, 칸
  마다 0부터 9까지의 숫자를 써서 준비
★ 물레가락 45개를 담은 바구니 1개(물레
  가락 대신 깎지 않은 연필 사용 가능)
★ 고무줄 8개를 담은 작은 용기 1개

직접적인 목표

★ 0부터 9까지 숫자 세는 법을 배웁니다.
★ 0의 개념을 이해합니다.

간접적인 목표

★ 기수를 이해합니다(숫자가 의미하는 수).
★ 서수를 이해합니다(순서대로 나열한 수).
★ 수의 절댓값을 이해합니다(고무줄로 물레가락을 묶으며 이해).

시범

아이와 함께 교구를 가지고 와서 책상에 놓고, 아이의 오른쪽에 앉습니다. 상자에 쓰인 숫자(1~9)를 가리키며 아이에게 읽어보게 합니다. 아이가 잘 읽으면 다시 1을 읽게 합니다. '일'이라고 말하면서 물레가락 하나를 들고 1에 해당하는 칸에 넣습니다. 2와 3도 같은 방법으로 제시하며, 물레가락 2개와 3개 묶음을 고무줄로 묶습니다. 아이에게 물레가락의 개수를 세면서 큰 소리로 4부터 9까지 숫자를 말하며 연습하게 합니다.

아이가 9까지 다 세고 나면 0을 도입합니다. 0은 '아무것도 없는 것', 비어 있는 것을 뜻하는 기호라는 사실을 설명합니다. 아이에게 0이 쓰인 칸과 빈 바구니를 강조하며 보여줍니다. 아이와 손뼉치기 놀이를 하는 것도 좋습니다. "손뼉을 세 번 쳐보자"라고 하며 함께 손뼉을 세 번 칩니다. 이후 여섯 번, 두 번, 영 번 등 숫자를 번갈아 부르며 숫자에 맞춰 손뼉을 칩니다. 모든 활동이 끝나면 아이가 원할 때 다시 교구를 사용할 수 있다고 알려주며 교구를 정리하게 합니다.

참고

물레가락 교구로 활동하고 난 후 모래 숫자카드
0을 제시할 수 있습니다.

> **오류 확인:** 물레가락이 남거나 부족할 때, 눈으로 보며 알아차릴 수 있습니다.
>
> **흥미점:** 0의 개념을 배우고 0칸이 비어 있는 것을 봅니다.

숫자와 바둑알

교구
★ 바둑알 55개와 0부터 10까지의 숫자

직접적인 목표
★ 0부터 10까지 숫자 세는 법을 배웁니다.
★ 홀수와 짝수의 개념을 배웁니다.

간접적인 목표
★ 배수와 가분성(물질이 더 작게 나누어질 수 있는 성질-옮긴이)의 개념을 도입합니다.

시범

숫자를 하나씩 꺼내며 아이에게 소리 내서 읽게 합니다. 그런 다음 1부터 10까지의 숫자를 순서대로 나열하게 합니다. 나열한 숫자를 순서대로 읽게 합니다. 각 숫자 아래에 바둑알을 해당하는 개수만큼 놓게 합니다. 바둑알을 놓을 때마다 크게 소리 내서 몇 개를 놓는지 말하게 합니다. 아이에게 바둑알을 어떻게 놓는지를 알려줍니다.

숫자 10까지 바둑알을 모두 놓은 뒤, 아이에게 이제 새로운 것을 보여주겠다고 말합니다. 숫자 1 아래에 놓인 바둑알의 아래쪽에 손가락을 갖다 대며 1을 가리킵니다. 아이에게 숫자를 읽으라고 합니다. 숫자 2 아래에 놓인 바둑알 2개 아래에 손가락을 짚습니다. 아이가 '2'라고 말하면 바둑알 2개 사이를 손가락으로 가르고, 숫자 2를 위쪽으로 옮깁니다. 손가락으로 바둑알 3개 아래를 짚습니다. 이어서 바둑알 4개 아래쪽을 손가락으로 짚습니다. 아이가 '4'라고 말하면, 놓여 있는 바둑알의 가운데를 손가락으로 갈라 2개씩 나눕니다. 그리고 숫자 4를 위에 옮겨놓습니다. 나머지 숫자와 바둑알도 홀수와 짝수에 따라 같은 활동을 반복합니다.

여러 개의 바둑알을 항상 똑같이 나눌 수 없다는 것을 강조하며 아이에게 '짝수'와 '홀수'라는 단어를 제시합니다. 바둑알이 2개, 4개, 6개, 8개, 10개, 즉 짝수로 놓여 있을 때는 정확히 절반으로 나눌 수 있다는 것을 알려줍니다. 그리고 신발처럼 2개씩 짝을 이루는 것을 예로 들어줍니다. 반면 바둑알이 1개, 3개, 5개, 7개, 9개로 홀수로 있을 때는 절반으로 나눌 수 없다는 것을 알려줍니다. 3단계 학습법을 통해 짝수와 홀수의 개념을 제시합니다. 모든 활동이 끝나면 아이가 교구를 정리할 수 있도록 하며, 원할 때 다시 활동을 반복할 수 있다고 알려줍니다.

> **오류 확인:** 시각으로 감지할 수 있습니다.
> **흥미점:** 바둑알 뭉치를 손가락으로 갈라 정확히 절반으로 나눌 수 있습니다.

공립학교의 몬테소리 아틀리에[*]

베아트리스 미상(Béatrice Missant), 교사

저는 낙후된 지역에 있는 학교에서 10년째 아이들을 가르치고 있습니다. 이 지역 주민의 생활에 대한 분석 결과를 보면 사회·문화적 불평등이 매우 심합니다. 주민의 1/3이 프랑스어를 제대로 읽거나 쓰지 못하고, 한부모 가정이 점점 늘어나고 있습니다. 지역보건사회국 (DDASS)의 청소년쉼터에서 지내는 아이들이 우리 학교에 다니고 있지요. 부모의 지도와 돌봄의 부재로 인한 문제를 아이들에게서 볼 수 있습니다. 아이들은 늘 불안해하고, 신체적·언어적 폭력을 자주 행사합니다. 수업에 집중하지 못하고, 교사의 지시를 듣고 이해하는 데 어려움이 있습니다. 아이들이 구사하는 구어의 어휘나 문법 수준이 매우 낮습니다.

저는 15년째 몬테소리 아틀리에에서 쌓은 경험을 바탕으로 이러한 문제들을 큰 어려움 없이 극복하고 있습니다. (…) 몬테소리 아틀리에를 진행하고 아이들과 함께 종합평가를 하면서 교실은 차분하고 작업하기 좋은 분위기로 바뀌었습니다. 아이들은 각자의 다름을 인정받는다고 생각하는 동시에 집단에 속해 있다는 소속감도 느낍니다. 그리고 모두가 같은 규칙을 따르는 공동체로서의 삶에 참여합니다. 이 규칙을 따라야 몬테소리 교실에서 개별 작업을 할 수 있습니다. 몬테소리 수업은 아이들의 자유로운 선택에 따라 진행되기 때문에 일과 동안 자아실현을 할 수 있습니다.

방과 후 몇몇 아이들은 다시 고단한 삶으로 돌아갑니다. 다음 날 아침, '불행의 짐'을 어깨에 지고 온 아이들은 다시 학교에서 자신을 위한 자유, 신뢰, 집단 안에서 자아를 실현할 기회를 누립니다. 그리고 바로 이러한 기회를 바탕으로 아이들은 학습에 온전히 매진할 수 있습니다. (…)[8]

베아트리스 미상은 프랑스 베르사유의 '폭력(violence)' 구역에 있는 프티부아 학교에서 아이들을 가르쳤습니다. 유치부 6개 반은 몬테소리 아틀리에와 연계하여 운영됩니다. 초등학교 1학년과 2학년 과정에도 몬테소리 수업을 진행합니다. 몬테소리 수업을 위한 교실이 별도로 마련되어 있습니다.

[*] 아틀리에: 일반 유치원이나 일반 학교에서 정규 교육과정 외에 주 1~2회, 주말 또는 방학에 운영하는 몬테소리 과정–옮긴이

---

[8] Béatrice Missant, *Des ateliers Montessori à l'école: Une expérience en maternelle*, ESF, 2014. (『학교에서의 몬테소리 아틀리에: 유치원을 중심으로』, 국내 미출간)

공립학교의 몬테소리 교육

프랑스
일드프랑스 소재
공립유치원 원장

학생들이 불안감을 자주 보이는 모습을 지켜보면서 우리의 교육 방식에 대해 깊이 고민했습니다. 그러던 중 몇 년 전 보았던 마리아 몬테소리의 교육철학을 다룬 애니메이션이 우리에게 새로운 가능성을 열어주었습니다. 당시에 우리 유치원에서는 몇 년째 몬테소리 아틀리에를 운영하고 있었는데, 그 애니메이션을 보고 몬테소리 교육을 심화해야겠다고 생각했습니다. 아이들은 몬테소리 수업에 많은 흥미를 보였고, 늘 더 하고 싶다고 이야기했습니다. 그리고 몬테소리 수업을 통해 아이들의 집중력이 향상되는 모습을 지켜보며, 우리는 이러한 유형의 수업을 계속 이어나가야겠다고 다짐했습니다. 몬테소리 아틀리에는 지역의 담당 교육부서 감사를 통해 승인을 받았고, 지금은 우리 유치원에서 중요한 부분을 차지하고 있습니다.

몬테소리 교육을 통해 아이들은 집중력을 키우고 교실은 평온한 분위기로 바뀌었습니다. 그 영향을 받아 교사들은 일반 수업에서도 규칙 지키기, 기다리기, 다른 사람 존중하기, 물건 및 자리 정돈하기, 다양한 교구 조작, 소근육 운동, 추론, 관찰, 감각훈련 등 유치원 생활 전반에 걸쳐 훨씬 더 깊이 아이들을 관찰하고 평가하게 되었습니다.

그런데 교사들이 직접 여러 가지 몬테소리 교구를 만들었음에도 불구하고 모든 교구를 활용하여 활동하는 데 어려움이 있었습니다. 교구 활동이 어렵고, 교사들이 관련 교육을 받지 못했기 때문이었지요. 시중에서 판매하는 교구는 비싸고요. 그래서 몬테소리 교육 프로젝트가 더 이상 국가의 지원을 받지 못하는 상황이 너무 안타깝습니다. 설령 그게 재정적인 지원일 뿐이라도 말이지요. 지역 차원에서 교사 교육 프로그램을 더욱 적극적으로 지원해주어야 합니다. 아이들에게 몬테소리 교육 기회를 열어주기 위해 노력하는 교사들에게 재정적으로 지원해주어야 합니다. 몇몇 공립유치원이나 학교에서도 우리 유치원이 우리가 할 수 있는 선에서 오랜 시간 노력하고, 연구하고, 준비하고, 만들고, 정비하는 것처럼 기관 차원에서 몬테소리 교육을 현장에 적용하고 있습니다. 안타깝게도 프랑스에서는 몬테소리 교육이 이웃 국가들만큼 많이 발달하지 못했고, 인정받지 못하고 있습니다.

마리아 몬테소리의 교육법은 아이들에게 많은 수단을 제공해줍니다. 또한 아이들의 발달, 동기, 새로운 지식을 발견하고자 하는 관심을 존중하며, 아이들이 즐겁고 흥미롭게 학습할 수 있게 폭넓은 기반을 마련해줍니다. 몬테소리 아틀리에에서 아이들은 수동적인 존재가 아닌 적극적인 주체가 됩니다.

교수법에 관한 이야기

베르나르 킴(Bernard Kimmes), 프랑스 포 지역 소재 학교 교장

1979년부터 1982년까지 3년 동안 교육학과에서 학업을 마친 뒤, 낙하산 부대에서 일을 시작했습니다. 제가 처음 맡은 임무는 학생 62명을 초등학교 졸업을 시키는 것이었습니다. 그때 저는 교육이라는 세계에 막 첫발을 들였고, 그 임무는 상당히 힘들었습니다. 제가 맡았던 학생 중 많은 아이가 글을 몰랐습니다. 이후 시골에 있는 학교에서 5년 동안 근무하며 여러 학년을 맡아서 가르쳤고, 그 경험 덕분에 교사로서 많이 성장할 수 있었습니다.

1988년에 바욘에 있는 학교의 교장으로 부임했습니다. 그리고 2004년부터 2007년까지 영국, 독일, 스페인, 이탈리아의 학교와 국제교류를 할 수 있는 프로그램에 등록했습니다. 이들 교환학교를 방문했을 때, 그곳에서 실시하고 있는 교육이 우리 학교의 교육과 비슷하고, 그 결과도 비슷하다는 점을 알게 되었습니다.

2005년 여름, 저는 캉 대학교에서 한 달 동안 연수를 했는데, 그곳의 연수교사로부터 큰 가르침을 얻었습니다. 그는 프랑스와 같은 산업화된 국가에서는 교사 주도로 교육이 이루어진다고 말했는데, 이것이 저의 교육적 신념을 완전히 뒤흔들었습니다. 요컨대 대다수의 수업에서 아이들이 어떤 내용을 배우게 될지 모른다는 것이었습니다. 교사가 이끄는 교실에서는 오직 교사만이 무엇을 학습할지 알 뿐이지요. 아이들은 마치 자기가 어떤 음식을 먹을지도 모르는 채 그저 음식이 나오기만을 기다리는 것과 같습니다. 교사가 자신의 모든 노하우를 내놓아도 결국 학생에게는 강요하는 것에 불과합니다. 저는 그에게 몬테소리 교육도 교사 주도의 교육법이냐고 물어보았는데 잠시 생각한 뒤 그렇지 않다고 대답했습니다.

2006년 여름, 저는 스위스 발데그에서 진행된 국제몬테소리협회(AMI) 몬테소리 교사(만 6~12세) 양성 프로그램에 참여하며 새로운 걸음을 내디뎠습니다. 당시 저의 교사 경력은 짧지 않았지만, 연수 첫날부터 오직 아이로부터 출발하는 접근법에 완전히 매료되었습니다. 저는 『잠재력을 깨우는 교육』, 『평화와 교육』, 『흡수하는 정신』 등 마리아 몬테소리의 저서 몇 권을 탐독했습니다. 그해 여름의 강렬한 경험은 교육자로서 제가 가지고 있던 신념에 여러 가지 의문을 제기했습니다. 그리고 아이의 발달단계에 대한 이해를 바탕으로 아이를 더 잘 알 수 있는 법을 마침내 깨닫게 되었습니다.

저는 스위스와 프랑스 파리에서 만 6~12세 반을 관찰할 기회가 있었습니다. 저는 그곳에서 아이의 민감기에 따른 아이의 필요를 바탕으로 한 아이를 존중하는 교육을 직접 볼 수 있었습니다. 교사양성 과정을 모두 수료하려면 현장관찰이 필수인데, 담당 트레이너가 이를 허가하지 않아서 안타깝게도 연수를 끝마치지 못했습니다. (…)

교사가 이끌어주기만을 바라고 스스로 생각하는 법을 배우지 못한 학생들의 태도를 1년이라는 시간 동안 탈바꿈시키기란 불가능해 보였습니다. 그러나 '몬테소리 교육'을 통해 교육적 해결 방안을 찾을 수 있으리라는 믿음이 생겼습니다.

인도주의적인 몬테소리 교실

클레르 토톨리(Claire Tottoli), AMI 몬테소리 교사, 인도의 '어린이의 집'에서 8년 동안 근무

제가 일하는 이 가난한 동네에는 학교가 없었습니다. 그러던 2000년 9월, 인도 남부 방갈로르의 최하층민이 사는 동네에 '어린이의 집'이 처음으로 문을 열었습니다. 우리 어린이의 집은 최하층 카스트가 사는 집처럼 아주 작은 건물에 들어섰습니다. 우리 학교가 자리 잡은 곳은 역사가 오래된 동네가 아니었고, 주변 시골 지역에서 사람들이 넘어와 모여 살았습니다. 지역 주민들은 타밀어, 우르두어, 말라얄람어, 칸나다어, 텔루구어 등을 사용했습니다. 우리의 임무는 아이들이 더 넓은 세상으로 나아갈 수 있게 영어를 가르치는 것이었습니다. 실직과 불안정한 주거 문제는 지역사회에 근본적인 증오를 불러일으켰습니다. 그리고 알코올 중독 문제도 빠지지 않았지요. 얼마 지나지 않아 이 동네는 위험 지역이 되었습니다.

처음에는 5명의 아이들로 시작했습니다. 종이상자로 네 가지의 장난감을 만들었고, 버려진 교구를 재활용했습니다. 지금은 28명의 학생을 가르치고 있습니다. 우리 학생 중 절반가량이 집에서 하루 한 끼조차 먹지 못합니다. 이러한 아이들을 위해 학교에서는 균형 잡힌 아침 식사와 점심 식사를 무료로 제공합니다. 학부모들이 번갈아가면서 식사를 맡아 준비해 주십니다. 우리 학교 학생 중 한 명인 테헤린의 엄마는 모두가 참여해서 사람과 사람 사이의 연결고리를 새로이 엮고 있다고 말했습니다. 지금 우리는 공동의 계획을 세우고 우리 아이들이 어려운 환경에서 벗어날 수 있기를 희망하며, 아이들을 위해 우리가 할 수 있는 최선을 다하고 있습니다.

(…) 어린이의 집은 엄밀히 말하면 교육기관의 개념보다는 삶의 터전이라고 할 수 있습니다. 전 세계 15개국의 낙후 지역에 약 40곳가량의 '어린이의 집'이 운영되고 있습니다. 페루, 브라질, 도미니카공화국의 판자촌에, 카메룬, 베냉, 토고의 오지에, 프랑스, 폴란드, 니제르, 알제리, 독일, 루마니아의 도심 빈민가에서 아이들을 돌보고 있습니다. 니제르의 유목민 마을에는 천막을 친 어린이의 집도 있습니다. 이렇게 각국에 있는 어린이의 집에서 돌봄을 받는 아이들은 아주 우수한 학력을 보여줍니다. 가장 빈곤한 환경이지만 아이들은 각자의 문화를 존중받으면서 교육받고 있습니다. 나아가 자신의 인생을 바꿀 수 있는 학위를 어렵지 않게 취득할 수 있습니다.

어린이의 집은 아이들이 지역사회에 통합될 수 있도록 돕습니다. 낙후 지역 출신의 지도자가 이곳을 관리합니다. 담당자들은 햅토노미, 신생아 케어, 유아 체육, 영아 신체활동, 가정환경 정리, 건강 관리 등 여러 가지 교육을 받습니다. 그리고 아이들의 가족과 동네에 도움이 될 수 있는 능력과 지식을 쌓습니다. 우리 학생인 레릴이 자신의 경험담을 털어놓았습니다. "제가 처음 학교에 입학했을 때, 저는 영어를 읽지도, 쓰지도 못했습니다. 하지만 조금씩 자신감을 얻었고, 몬테소리 교육에서 영감을 받은 교구를 어떻게 사용해야 하는지 배웠습니다." 교사들은 글을 모르는 아이들을 위해 교구 사용법을 만화 형식으로 만들었습니다.

몬테소리
교사가 되는 법

마리아몬테소리고등연구소는 영유아(0~만 3세, 만 3~6세) 몬테소리 교사를 위한 교육 및 양성 프로그램을 운영합니다. 이 과정을 성공리에 마치면 AMI 교사 자격증(디플로마)을 취득할 수 있습니다. 이 교육과정을 통해 다음과 같은 내용에 대해 폭넓은 지식을 쌓을 수 있습니다.

★ 몬테소리 철학(삶을 돕는 교육)
★ 마리아 몬테소리가 주장한 아이의 발달 이론
★ 아이 발달에 환경이 미치는 영향, 교사의 역할, 아이의 발달을 위한 도움
★ 아이의 발달단계에 맞는 몬테소리 교구 시범 방법

950시간의 교육과정에는 몬테소리 교구 실천 연습, 관찰, 니도(nido)나 영유아 공동체에서의 실습 등이 포함되어 있습니다. 교사양성 과정을 모두 이수하면 전문적인 능력을 확실하게 쌓을 수 있습니다. 이 과정에 지원하기 위해서는 학사 3년이나 이에 준하는 학력을 갖추어야 합니다. 프랑스어 몬테소리교육센터(CFMF, Centre de formation Montessori francophonie)는 만 6~12세를 위한 몬테소리 교사양성 과정을 운영하며, 이 과정을 마치면 AMI 몬테소리 디플로마를 취득할 수 있습니다.

몬테소리 교육센터의 연락처는 307쪽을 참고하세요.

알고 계셨나요?

아마존의 창립자 제프 베조스(Jeff Bezos), 구글의 창립자 래리 페이지(Larry Page)와 세르게이 브린(Sergey Brin)이 모두 몬테소리 교육을 받았다는 사실을 알고 계셨나요? 그들의 성공 배경에 몬테소리 학교에서 받은 교육이 있었다고 합니다. 그들은 몬테소리 교육이 스스로 생각하는 법을 가르쳐주고 성공 신화를 써 내려갈 수 있는 자유를 주었다고 말합니다. 몬테소리 교육이 그들에게 성공으로 가는 날개를 달아준 것이지요!

이들 외에도 많은 유명인이 몬테소리 교육을 지지합니다.

★ **몬테소리 학교 졸업생:** 재클린 케네디(Jacqueline Kennedy), 영국의 윌리엄 왕자와 해리 왕자(Prince William & Harry), 안네 프랑크(Ann Frank), 미국의 바이올리니스트 조슈아 벨(Joshua Bell, 스트라디바리우스 바이올린 소유), 게임 심즈 제작자 윌 라이트(Will Wright), 배우 마이클 더글러스(Michael Douglas)와 조지 클루니(George Clooney), 건축가 프리드리히 훈데르트바서(Friedrich Hundertwasser), 작가 가브리엘 가르시아 마르케스(Gabriel Garcia Marquez) 등

★ **자녀들을 몬테소리 학교에 보낸 이들:** 그룹 U2의 보컬 보노(Bono), 프랑스 가수 르노(Renaud), 프랑스 가수이자 테니스 선수 야닉 노아(Yannick Noah), 바이올리니스트 요요마(Yo-Yo Ma) 등

★ **다양한 분야에서 몬테소리 교육을 지지한 이들:** 작가 레프 톨스토이(Léon Tolstoï), 사회복지 사업가 헬렌 켈러(Helen Keller), 발명가 토머스 에디슨(Thomas Edison), 자동차 회사 포드의 설립자 헨리 포드(Henry Ford), 전화기를 발명한 알렉산더 그레이엄 벨(Alexander Graham Bell, 캐나다 최초의 몬테소리 교실과 미국의 몬테소리 학교 초기 설

립에 기여), 마하트마 간디(Mahatma Gandhi), 심리학의 아버지 지그
문트 프로이트와 그의 딸 심리학자 안나 프로이트(Sigmund & Anna
Freud), 미국의 클린턴 가문(Clinton), 철학자 버트런드 러셀(Bertrand
Russell), 심리학자 알프레트 아들러(Alfred Adler), 인지발달 연구의 선
구자 장 피아제(Jean Piaget), 정신분석학자 에릭 에릭슨(Erik Erikson),
달라이 라마(Dalaï Lama), 교육학자 필립 메리외(Philippe Meirieu), 과
학자 알베르 자카르(Albert Jacquard), 소아청소년과 의사 카트린 돌토
(Catherine Dolto) 등

"아이를 오늘날의 세상에 맞춰 키우지 말아야 한다.
아이가 자라면 지금의 세상은 바뀔 것이다.
그때의 아이들이 어떤 세상을 살아갈지 알 방도가 없다.
그러므로 아이에게 적응하는 법을 가르쳐야 한다."

책을 마치며

아이는 우리가 짐작할 수 없을 만큼 엄청난 잠재력을 가지고 태어납니다. 아이는 자기 자신이 되기 위해 태어나지요. 아이가 따뜻하고 사랑이 넘치고 자유로운 분위기 속에서 자아를 실현할 수 있다면, 아이의 성장 과정은 아름다운 여정이 됩니다. 이러한 분위기 속에서 아이는 내면의 규율을 세우고 자기 자신과 타인을 존중하며 자랍니다.

우리의 임무는 아이들이 스스로 자기 자신을 구축할 수 있도록 돕는 것입니다. 아이의 발달 속도를 존중하지 않고는 아이를 진정으로 도울 수 없습니다. 아이에게 우리의 도움이 더는 필요하지 않도록, 아이가 자율적인 존재가 될 수 있도록 도와야 합니다.

아이에게는 어른이 필요하고, 어른에게는 아이가 필요합니다. 마리아 몬테소리가 말했듯이 이 두 '인류의 중심'은 서로 영향을 주고받습니다. 이 단순한 사실을 이해한다면 우리가 아이를 돕는 것만큼이나 아이가 우리를 돕는다는 사실을 깨달을 수 있습니다.

몬테소리 교육은 무엇보다 긍정적인 가치의 발달을 촉진하는 정신적인 상태를 가장 중요하게 생각합니다. 몬테소리 교육이 추구하는 가치는 자신감, 자존감, 학습 욕구, 창의력, 단순한 즐거움에 대한 취향 등이 있습니다. 아이는 작업에 대한 사랑을 키우는 것이 무엇인지를 스스로 찾는 환경에서 자랍니다. 이는 신뢰하는 분위기 속에서 개인의 자아실현을 돕는 방법이지요. 설명보다는 연구를, 경쟁보다는 협동을 추구하는 교육입니다.

아이는 태어날 때부터 학습하고자 하는 욕구와 성장하고자 하는 욕구가 있습니다. 이러한 갈증을 해소해줄 수 있는 틀을 적절한 시기에 제공하는 것이야말로 어른인 우리가 아이에게 해줄 수 있는 가장 아름다운 선물입니다. 그 틀은 아이에게 자유와 내면의 평화를 누리게 하는 것이며, 다시 말해 행복을 주는 것입니다.

> "아이를 오늘날의 세상에 맞춰 키우지 말아야 한다. 아이가 자라면 지금의 세상은 바뀔 것이다. 그때의 아이들이 어떤 세상을 살아갈지 알 방도가 없다. 그러므로 아이에게 적응하는 법을 가르쳐야 한다."
>
> 마리아 몬테소리, 『흡수하는 정신』

몬테소리 교육은 언어와 수학 지식의 습득을 위한 기반을 마련해 줄 뿐만 아니라 아이의 전인적인 발달을 돕습니다. 그리고 다음과 같은 궁극적인 목표를 추구합니다.

★ 자율성을 확립하고 자신감을 키웁니다.
★ 독립심을 키우고, 자기동기부여와 자기평가의 기회 속에서 자신의 위치를 파악하며 스스로 활동하는 능력을 갖춥니다.
★ 자아존중감을 확립합니다.
★ 스스로 행동하는 즐거움을 발견하고 창의력을 키웁니다.
★ 노력의 즐거움을 깨닫고 참을성을 키웁니다.
★ 협동정신과 이타적인 마음을 기르고, 봉사·연대·공유의 기쁨을 느낍니다.

★ 자기 자신과 다른 사람을 존중합니다.

★ 공감 능력과 자신의 감정을 표현하고 분석하는 능력을 키웁니다.

★ 사회에 대한 소속감을 느끼는 동시에 다른 사람들 사이에서 독립적인 존재로 성장합니다.

★ 배우는 기쁨을 느끼고, 즐거워하며 학습합니다.

★ 예의범절과 평화를 이해하고 추구합니다.

어떤 능력을 갖추어야 하는지에 대한 고민보다는 어떻게 존재해야 하는가에 대한 깊은 성찰이 필요합니다. 그것이 바로 교육의 핵심입니다.

유용한 연락처 ───────────────

★ **국제몬테소리협회**(AMI, Association Montessori Internationale)
Koninginneweg 161, 1075 CN Amsterdam, Netherlands
전화: +31 20 67 98 932
이메일: info@montessori-ami.org
http://www.montessori-ami.org

★ **프랑스몬테소리협회**(AMF, Association Montessori de France)
13, rue de la Grange Batèliere, 75009 Paris, France
전화: +33 6 67 74 53 99
이메일: amf@montessori-france.asso.fr
http://www.montessori-france.asso.fr

★ **마리아몬테소리고등연구소**(ISMM, Institut Supérieur Maria Montessori)
영유아(0~만 3세 / 만 3~6세) 몬테소리 교사를 위한 교육 및 양성 프로그램, 몬테소리
지원, 단기 연수 프로그램을 제공. 프랑스 파리와 리옹에 위치.
1-7, rue Jean-Monnet, 94130 Nogent sur Marne, France
전화: +33 1 48 72 95 20
이메일: contact@formation-montessori.fr
http://www.formation-montessori.fr

★ **기타 해외 몬테소리 관련 기관**
전 세계에 지역별 몬테소리 교사양성 센터가 50여 개소 이상 있으며, 자세한 정보는
http://www.montessori-ami.org의 'Training Centres' 탭을 참고.

★ **AMI 한국몬테소리연구소**
(AMI Korea Montessori Institute)
경기도 광명시 오리로 984번길 25, 2층 3층
전화: 02-2611-8920, 010-6312-2203
이메일: amileee@naver.com
http://www.ami-montessori.co.kr/

★ **AMI 몬테소리 전문교육원**
(AMI Montessori Center Korea)
경기도 용인시 기흥구 구갈동 259-1
용인기흥ICT밸리 SK V1 A동 508호
전화: 010-2788-4002
이메일: montessori-center@naver.com
https://www.ami-korea.net/

참고 문헌 ─────────────────────────

마리아 몬테소리의 저서

- *L'Enfant*, Desclée de Brouwer, 2006. (『어린이의 비밀』, 지식을 만드는 지식, 2014)
- *L'Esprit absorbant de l'enfant*, Desclée de Brouwer, 2003. (『흡수하는 정신』, 부 글북스, 2018)
- *De l'enfant à l'adolescent*, Desclée de Brouwer, 2006. (『아이부터 청소년까지』, 국 내 미출간)
- *Pédagogie scientifique, tome I : La Maison des enfants*, Desclée de Brouwer, 2004. (『과학적 교육학: 제1권 아이들의 집』, 국내 미출간)
- *Pédagogie scientifique, tome II : Éducation à l'école élémentaire*, Desclée de Brouwer, 2007. (『과학적 교육학: 제2권 초등학교에서의 자기 교육』, 국내 미출간)
- *L'Enfant dans la famille*, Desclée de Brouwer, 2007. (『가정에서의 유아들』, 다음 세대, 1998)
- *L'Éducation et la Paix*, Desclée de Brouwer, 2001. (『교육과 평화』, 창지사, 1990)
- *Les Étapes de l'éducation*, Desclée de Brouwer, 2007. (『교육의 단계』, 국내 미 출간)
- *Éducation pour un monde nouveau*, Desclée de Brouwer, 2010. (『새로운 세상 을 위한 교육』, 부글북스, 2020)
- *Éduquer le potentiel humain*, Desclée de Brouwer, 2003. (『잠재력을 깨우는 교 육』, 부글북스, 2020)
- *La Formation de l'homme*, Desclée de Brouwer, 2005. (『Maria Montessori의 어 린이를 위한 인격 형성』, 창지사, 2001)
- *Psychogéométrie*, Desclée de Brouwer, 2013. (『심리 기하학』, 국내 미출간)
- *The 1946 London Lectures(AMI)*, Montessori-Pierson Publishing Com- pany, 2012. (『1946년 런던 강연록(AMI)』, 국내 미출간)
- *Le Manuel pratique de la pédagogie Montessori*, 2016(1939). (『몬테소리 교육 법 핸드북』, 국내 미출간)

기타 저서

- *Quelle éducation pour quelle société?,* Conférences d'un colloque en 2005 éditées par l'AMF. (『어떤 사회를 위해 어떤 교육을 해야 하는가』 2005년 프랑스 몬테소리운동 55주년 기념 심포지엄 강연록, 국내 미출간)
- BLANQUER Jean-Michel, *L'École de la vie,* Odile Jacob, 2014. (『삶의 교육』, 국내 미출간)
- CHAPMAN Gary et CAMPBELL Ross, *Langages d'amour des enfants,* Éditions Farel, 1998. (『자녀의 5가지 사랑의 언어』, 생명의말씀사, 2013)
- DAVID Myriam et APPELL Geneviève, *Loczy ou le maternage insolite,* Éditions du Scarabée, 1973. (『로치, 새로운 육아법』, 국내 미출간)
- DOLTO Françoise, *Tout est langage,* Gallimard, 《Folio Essais》, 2002. (『언어가 모든 것을 결정한다』, 국내 미출간)
- DUMONTEIL-KREMER Catherine, *Élever son enfant autrement,* La Plage, 2009. (『우리 아이 특별하게 키우기』, 국내 미출간)
- GORDON Thomas, *Parents efficaces au quotidien,* Marabout, 2007. (『일상에서 효율적인 부모들』, 국내 미출간)
- LEBOYER Frédérick, *Pour une naissance sans violence,* 《Points》, 2008. (『폭력없는 탄생』, 예영커뮤니케이션, 2012)
- LEMOINE Paul, *Transmettre l'amour : L'art de bien éduquer,* Nouvelle Cité, 2007. (『사랑을 전하는 법: 잘 교육하는 기술』, 국내 미출간)
- MARTINO Bernard, *Le Bébé est une personne : La fantastique histoire du nouveau-né,* J'ai lu, 2004. (『아이는 인간이다: 신생아의 환상 이야기』, 국내 미출간)
- MISSANT Béatrice, *Des ateliers Montessori à l'école,* ESF Éditeur, 2011. (『학교에서의 몬테소리 아틀리에』, 국내 미출간)
- MONTANARO Silvana, *Understanding the Human Being : Importance of the First Three Years of Life,* Nienhuis, 1987. (『인간의 이해』, 헥사곤, 2020)

- PIKLER Emmi, *Se mouvoir en liberté dès le premier âge*, PUF, 1979. (『자유놀이의 시작』, 행동하는 정신, 2014)
- POLK LILLARD Paula, *Pourquoi Montessori aujourd'hui?*, Desclée de Brouwer, 1984. (『몬테소리 교육에 대한 현대적 접근』, 학문사, 1994)
- SIZAIRE Anne, *Maria Montessori, l'éducation libératrice*, Desclée de Brouwer, 1994. (『마리아 몬테소리, 해방 교육』, 국내 미출간)
- SPINELLI Patricia et BENCHETRIT Karen, *Un autre regard sur l'enfant*, Desclée de Brouwer, 2009. (『아이를 향한 또 다른 시선』, 국내 미출간)
- STANDING E.M., *Maria Montessori, sa vie, son oeuvre*, Desclée de Brouwer, 1995. (『마리아 몬테소리의 인생과 업적』, 국내 미출간)
- STOLL LILLARD Angeline, *Montessori : The Science behind the Genius*, Oxford University Press, 2005. (『몬테소리, 천재로 키우는 과학적 비결』, 국내 미출간)
- Dr THIRION Marie et Dr CHALLAMEL M.J., *Le Sommeil, le rêve et l'enfant*, Albin Michel, 2011. (『잠, 꿈, 어린이』, 국내 미출간)
- Dr THIRION Marie, *L'Allaitement: De la naissance au sevrage*, Albin Michel, 2004. (『모유 수유: 출산부터 젖 떼기까지』, 국내 미출간)
- TISSERON Serge, *Apprivoiser les écrans et grandir*, Érès, 2013. (『아이의 성장을 위한 미디어 통제와 활용법』, 국내 미출간)
- TOULEMONDE Jeannette, *Le Quotidien avec mon enfant*, Éditions l'Instant Présent, 2010. (『내 아이와 함께 보내는 일상』, 국내 미출간)
- VALENTIN Stephan, *La Fessée, pour ou contre?*, Jouvence, 2009. (『체벌, 사랑인가 매인가?』, 국내 미출간)
- VELDMAN Frans, *Haptonomie Science de l'Affectivité: Redéouvrir l'Humain*, PUF, 2007. (『햅토노미, 정서의 과학』, 국내 미출간)

기타 자료

- 잡지 《*L'enfant et la vie*》, http://www.lenfantetlavie.fr
- 잡지 《*Grandir autrement*》
- http://aidtolife.org
- 국제햅토노미연구개발센터(CIRDH) 홈페이지: http://www.haptonomie.org/fr/
- http://montessoriguide.org

몬테소리 기적의 육아 만 3-6세

샤를로트 푸생 지음 | **이진희** 옮김

1판 1쇄 찍은날 2022년 2월 4일
1판 1쇄 펴낸날 2022년 2월 25일
펴낸이 정종호 | 펴낸곳 (주)청어람미디어(청어람라이프)
편집 여혜영 | 마케팅 이주은
제작·관리 정수진 | 인쇄·제본 (주)에스제이피앤비
등록 1998년 12월 8일 제22-1469호
주소 03908 서울 마포구 월드컵북로 375(상암동 DMC 이안상암 1단지) 402호
전화 02-3143-4006~8 | 팩스 02-3143-4003

ISBN 979-11-5871-192-4 14590
        979-11-5871-187-0 (세트)